国家科学技术学术著作出版基金资助出版
NSFC-云南联合基金重点项目（U1302263）资助

中国鹅膏科真菌图志

杨祝良 著

摄影 杨祝良 李 方 蔡 箐 曾念开
唐丽萍 吴 刚 郝艳佳 张 平
葛再伟 冯 邦

科 学 出 版 社
北 京

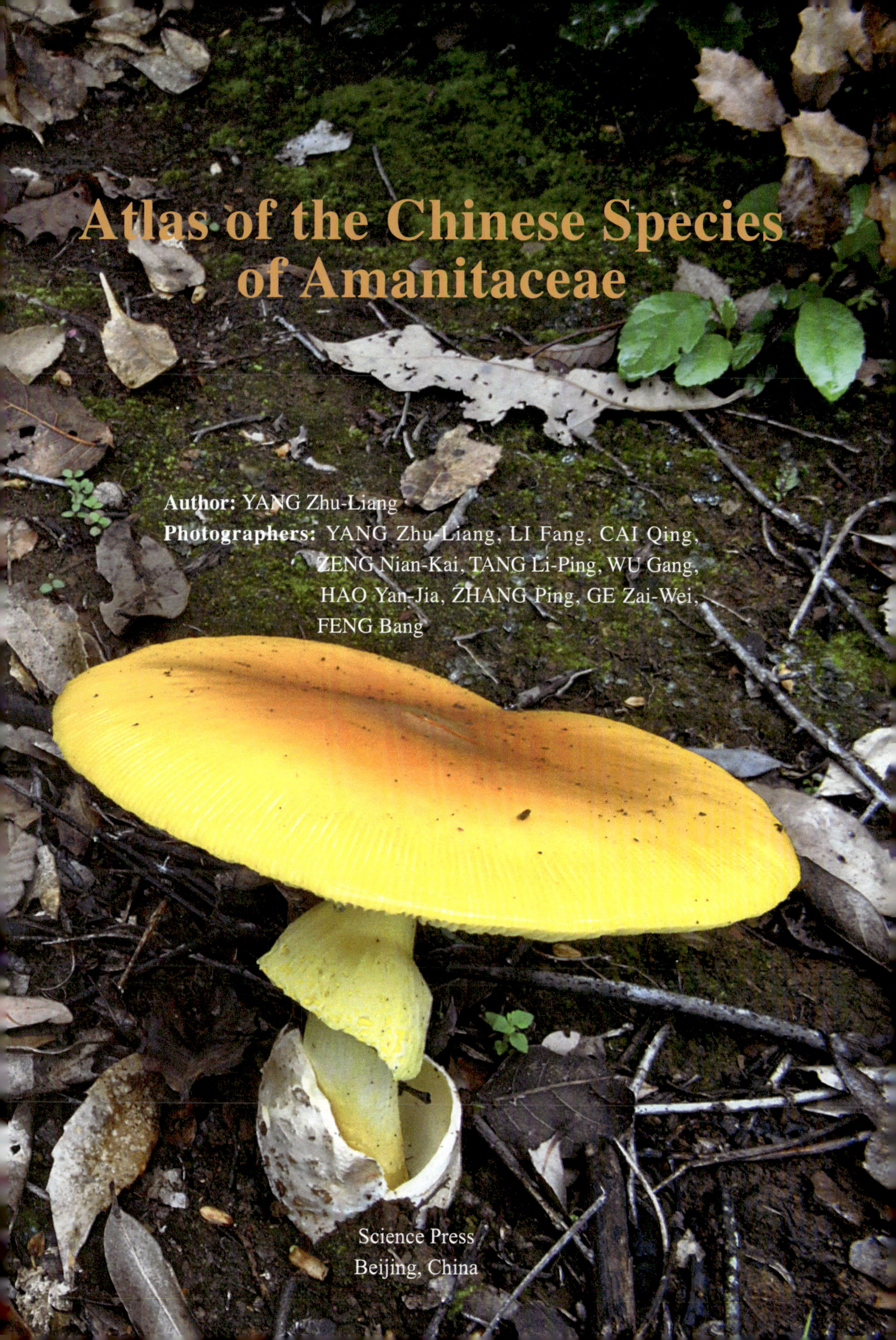

Atlas of the Chinese Species of Amanitaceae

Author: YANG Zhu-Liang

Photographers: YANG Zhu-Liang, LI Fang, CAI Qing, ZENG Nian-Kai, TANG Li-Ping, WU Gang, HAO Yan-Jia, ZHANG Ping, GE Zai-Wei, FENG Bang

Science Press

Beijing, China

图书在版编目（CIP）数据

中国鹅膏科真菌图志 / 杨祝良著. —北京：科学出版社，2015.5
ISBN 978-7-03-043627-6
Ⅰ. ①中… Ⅱ. ①杨… Ⅲ. ①鹅膏科-真菌-中国-图志 Ⅳ. ①Q949.329-64

中国版本图书馆CIP数据核字（2015）第045617号

责任编辑：李秀伟　白　雪 / 责任校对：邹慧卿
责任印制：赵　博 / 书籍设计：北京美光设计制版有限公司

科学出版社 出版
北京东黄城根北街16号
邮政编码：100717
http://www.sciencep.com

北京建宏印刷有限公司 印刷
科学出版社发行　各地新华书店经销
*
2015年5月第　一　版　开本：787×1092　1/16
2024年1月第三次印刷　印张：14　1/4
字数：340 000

定价：298.00元

作者简介

作者与其钟爱的鹅膏

杨祝良

中国科学院昆明植物研究所二级研究员，博士生导师。长期从事高等真菌的分类、系统发育与生物地理学研究。1997 年获德国图宾根大学（Universität Tübingen）理学博士学位，学位论文成绩“特优”，并获该校优秀博士论文奖。2005 年获国家杰出青年科学基金资助，2006 年入选中国科学院“百人计划”，2010 年至今先后任中国科学院东亚植物多样性与生物地理学重点实验室副主任和执行主任，任中国科学院昆明植物研究所标本馆馆长。先后主持国家自然科学基金重点项目、973 计划项目的课题等国家和省部级相关科研项目 30 余项，在 *Fungal Diversity*、*Fungal Genetics and Biology*、*Mycologia*、*BMC Evolutionary Biology*、*Molecular Ecology* 等期刊发表学术论文 160 余篇，其中 100 余篇载 SCI 源刊物上，独立出版德文和中文专著各 1 部，参编英文专著 3 部，发表 4 新亚科、10 余新属和 100 余新种。现任 *Fungal Diversity* 主编，《菌物学报》及《植物分类与资源学报》副主编，*Mycological Progress*、*Mycoscience*、《生物多样性》等数个学术期刊的编委，任中国菌物学会副理事长及菌物多样性与系统学专业委员会主任，任国际自然保护联盟（IUCN）物种生存委员会（SSC）真菌专家组成员和国际菌物命名委员会（NCF）委员。

内容简介

在鹅膏科真菌中，有些物种是著名的食用菌，而另一些物种则是有名的剧毒菌，在误食毒菌而中毒死亡的记录中，90% 以上是由误食毒鹅膏菌所致。我国鹅膏菌资源十分丰富，每年都有因误食毒鹅膏菌而中毒甚至死亡的事件发生，造成生命财产的巨大损失。为帮助读者准确区分与快速鉴别我国的食用和有毒鹅膏菌，特编著此图志。本书记载了我国鹅膏科 130 个分类单元（含种、变种和变型），每种有个体彩图、重要外形和显微特征描述、生境、分布、经济价值及与相似种的区别等信息。书中还有我国鹅膏科的分属、分种检索表，书末附有研究标本、参考文献、汉名和拉丁学名索引。

本书可供生物资源与生物多样性工作者、卫生防疫与毒菌中毒预防工作者、林下非木材产品开发人员、蘑菇爱好者、野外生存训练者及大专院校有关专业师生参考。

Brief Introduction

In the family Amanitaceae, some amanitas are favorable edible mushrooms, while others are deadly poisonous fungi. Over 90% casualties of mushroom poison in the world were caused due to eating lethal amanitas. China is very rich in resources of amanitas, and many disasters happen during the mushroom season every year due to eating poisonous amanitas. In order to help the reader to distinguish poisonous amanitas from edible ones, this atlas was prepared. 130 taxa (including species, varieties and forms) of the genera *Amanita* and *Limacella* from China were documented with colour photos and descriptions of macro- and micromorphological characters. Information on edibility, toxicity, habitats and distributions of the taxa, and keys to the taxa are provided. In addition, a list of voucher specimens for each taxon is given. References, indices of Chinese names and scientific Latin names to all taxa are appended.

The book is intended to be a reference for 1) biologists who conduct investigations of biological resources and biodiversity, 2) workers in mushroom-poison control, 3) workers in development of non-timber forest products, 4) people who are interested in mushroom gathering for food, and 5) university and college teachers and students carrying out studies in related fields.

前 言

在大型真菌中，鹅膏科（Amanitaceae）特别是鹅膏属（*Amanita*）真菌是非常引人注目的。在宋代陈仁玉的《菌谱》中，就有“鹅膏蕈，生高山，状类鹅子，久乃伞开，味殊甘滑，不谢稠膏……”的记载。该科中有些种是著名的食用菌，如亚洲的拟橙盖鹅膏（*A. caesareoides*）、红黄鹅膏（*A. hemibapha*）、隐花青鹅膏（*A. manginiana*）、中华鹅膏（*A. sinensis*）和袁氏鹅膏（*A. yuaniana*），欧洲的橙盖鹅膏（*A. caesarea*）和赭盖鹅膏（*A. rubescens*），非洲的赞比亚鹅膏（*A. zambiana*）和坦桑尼亚鹅膏（*A. tanzanica*）等等，都是深受人们喜爱的野生食用菌。该科中的另外一些物种则是剧毒的，如产于东亚的致命鹅膏（*A. exitialis*）、灰花纹鹅膏（*A. fuliginea*）、拟灰花纹鹅膏（*A. fuligineoides*）、黄盖鹅膏（*A. subjunquillea*）、淡红鹅膏（*A. pallidorosea*）、裂皮鹅膏（*A. rimosa*）及鳞柄白鹅膏（*A. virosa*），欧洲常见的绿盖鹅膏（*A. phalloides*）、春生鹅膏（*A. verna*）和鳞柄白鹅膏，以及北美的双孢鹅膏（*A. bisporigera*）和薄褶鹅膏（*A. tenuifolia*）等都是有名的剧毒菌，误食常会危及生命，造成生命财产的巨大损失。每年在世界各地都有人误食毒菌而中毒死亡的报道，其中90%以上都是由误食毒鹅膏菌所致。

在鹅膏科中，鹅膏属是一个分类较为困难的大属，全球已描述而又被承认的物种超过500种。我国鹅膏属物种十分丰富，可食用的和有毒的种类非常容易混淆。为了帮助读者准确区分我国鹅膏属中的毒菌和食用菌，正确认识、利用此类真菌资源，在国内外同行的帮助下，作者出版了《中国真菌志 第二十七卷 鹅膏科》（杨祝良，2005）。但是，随着标本的积累和研究的深入，作者不但发现了一些新物种和对另外一些物种有了更为深入的认识，而且深感仅依靠文字描述和黑白线条图，对于读者准确识别鹅膏科的物种有其局限性。本书根据最新研究结果，对国产的鹅膏科所有物种提供了简明的外形和显微特征描述，并配有各种个体（担子体，basidioma）的原生实景照片，以利于读者认识该科色彩斑斓、生态各异、形态多样的物种。值得注意的是，在我国可食的鹅膏菌和有毒的鹅膏菌都相当常见，分布也十分广泛，而且它们常出现在同一森林中，并不容易区分，若只依据外形特征进行辨别有时是不可靠的，只有将外形和显微特征结合起来，才能得出准确判断。对拿不准的种类必须避免采食，有条件时应让专家帮助鉴定。书中记载的某个物种在我国的分布范围仅是指作者迄今研究过的该物种国内标本的地理分布范围，但该种的实际分布范围可能更广。本书作者及出版社对误食或滥用毒鹅膏菌所产生的后果不负任何责任。

在研究国产鹅膏菌过程中，作者得到了国内外许多专家、同行及同事的大力支持和热心帮助，其中有的还为作者提供了珍贵的标本和难得的图片，丰富了本书的内容，他们是包海鹰、陈啟桢、陈作红、崔杨洋、戴玉成、邓晓娟、郭林、郭婷、韩利红、贺新生、李泰辉、李静、李艳春、刘晓斌、刘杏忠、吕红梅、卯晓岚、秦姣、邵士成、图力古尔、王向华、吴兴亮、杨祝飞、姚一建、于富强、袁明生、赵宽、赵琪、朱学泰、保坂健太郎（Kentaro Hosaka）、C. Bas、Md. Iqbal Hosen、Su-See Lee、F. Oberwinkler、R. E. Tulloss、K. B. Vrinda 和 M. Weiß。何海燕为本书提供了两种鹅膏的彩色绘图。在作者指导下，唐丽萍和蔡箐所开展的鹅膏属分子系统发育研究，对于作者理解该属的物种多样性大有裨益，蔡箐还对本书稿件进行了通读核对。本研究得到NSFC-云南联合基金重点项目（U1302263）的资助，本书的出版获得国家科学技术学术著作出版基金资助，并得到中国科学院东亚植物多样性与生物地理学重点实验室的支持。作者对上述个人和单位致以诚挚的谢意！

由于作者业务水平有限，书中一定存在缺点和错误，敬请读者提出宝贵意见，以便再版时修正。

著　者*

2014年12月

* 地址：云南省昆明市黑龙潭蓝黑路132号，邮政编码650201，中国科学院昆明植物研究所 杨祝良

Address of the author: Zhu L. Yang, Kunming Institute of Botany, Chinese Academy of Sciences, Lanhei Road No.132, Heilongtan, Kunming 650201, Yunnan, China

Email: fungi@mail. kib. ac. cn

目　录

第1章　导论

第2章　鹅膏属 *Amanita* Pers.

第 1 章

导　论

鹅膏科真菌外部形态多样，特别是在菌盖表面和菌柄基部，菌幕残余的式样十分丰富，其内部显微结构也因种各异，把握该科真菌的基本形态特点，有利于准确识别该科的物种，区分剧毒鹅膏、有毒鹅膏和可食鹅膏。

我国鹅膏科（Amanitaceae）主要包括鹅膏属（*Amanita*）和黏伞属（*Limacella*）。近来，分子系统发育方面的证据支持将*Amarrendia*、*Torrendia*等属合并到鹅膏属中（Justo et al.，2010）。在鹅膏属中，有些种是重要的食用菌，另有一些种有一定的毒性但误食并不致命，还有一些种则是剧毒的，误食常会危及生命。在世界各地每年都有人误食毒菌而中毒死亡的记录，其中90%以上都是由误食毒鹅膏菌所致（Wieland，1968；Bresinsky & Besl，1985）。在我国，误食毒鹅膏菌而中毒的事件也频频发生（李建宗，1996；张志光等，1997；陈作红等，1999；Yang & Li，2001；谭铭雄等，2002；张志光等，2002；杨祝良，2005；Zhang et al，2010；Chen et al，2014）。

鹅膏属真菌统称鹅膏菌。鹅膏菌大致可分为剧毒的、有毒的和可食的三大类。那么，为什么有的鹅膏菌为剧毒，有的有一定的毒性，有的则可食呢？研究发现，在剧毒鹅膏中含有肽类毒素。肽类毒素又可分为鹅膏毒肽类（amatoxins）、鬼笔毒肽类（phallotoxins）和毒伞毒肽类（virotoxins）等三个类群，它们都是环肽化合物，绝大多数化学结构稳定、耐高温，一般烹调加工不能破坏其结构，进入人体后对肝脏和肾脏有强烈的毁坏作用（Wieland，1973，1986；Faulstich，1980；Wieland & Faulstich，1983；Vetter，1998；陈作红等，2003；Chen et al，2014；Li et al，2014a）。

在有毒鹅膏中，往往含有神经精神毒素，包括毒蕈碱（muscarine）、异恶唑衍生物（isoxazole derivatives）和色胺衍生物（tryptamine derivatives）。其中，毒蕈碱会使副交感神经系统兴奋、血压降低、心跳减慢、胃肠平滑肌的蠕动增快，引起呕吐和腹泻等等。异恶唑衍生物（如鹅膏蕈氨酸ibotenic acid、蝇蕈醇muscimol）既能对中枢神经系统产生弱镇静作用，又能使大脑皮层兴奋，导致精神错乱、幻觉和色觉紊乱。色胺衍生物（如蟾蜍色胺bufotenine）则使视力紊乱、产生色彩幻觉（Eugster，1968；Wieland，1968，1973；卯晓岚，1987，1991；裘维蕃，1998；包海鹰等，1999）。

在可食的鹅膏中，一般不含有肽类毒素和神经精神毒素。准确认识和区分食用鹅膏和毒鹅膏，对于预防毒菌中毒具有重要意义。过去，在我国的有关书籍和论文中，曾涉及一些鹅膏菌（如Chiu，1948；邓叔群，1963；王云章，1973；中国科学院微生物研究所真菌组，1975；卯晓岚，1987，1991，1998，2000；应建浙等，1982，1987；毕志树等，1994，1997；张树庭和卯晓岚，1995；臧穆，1996；黄年来，1998；杨祝良，2002；李玉和图力古尔，2003；吴兴亮等，2011）。然而，专门论及鹅膏科真菌的书籍仍然缺乏。本书在吸收国内外最新相关研究成果的基础上（如Wolfe et al，2012；Kim et al，2013；Cai et al，2014；陈作红，2014；Deng et al，2014；Li & Cai，2014；图力古尔等，2014；Li et al，2015），试图通过介绍各种国产鹅膏菌的特征，并附上彩色图片，以帮助准确鉴别食用鹅膏和毒鹅膏。需要强调的是，发现蘑菇中毒要及时抢救，对毒鹅膏的中毒治疗可参照有关书籍和论文（中国科学院微生物研究所真菌组，1975；卯晓岚，1987；陈作红和张志光，2003）。

第一节
鹅膏科真菌基本特点

为快速、准确地认识鹅膏菌，有必要先熟悉一些常用的科学术语。鹅膏菌属于担子菌，因此其有性繁殖的个体叫担子体（basidioma）。担子体大致包括菌盖、菌褶、菌柄、菌幕、菌环等（图1）。

菌盖　有的鹅膏菌菌盖中央是凸起的（图2-1，图2-7），有的稍凹陷（图2-2），但大多数种的菌盖是扁半球形至平展的（图2-3～图2-6，图2-8）。有的种菌盖边缘有辐射状沟纹或棱纹（图2-1～图2-4），而且其长度与菌盖半径的比值对于识别物种有一定价值，菌盖边缘的沟纹或棱纹长度用*nR*表示，即沟纹或棱纹长度与菌盖半径*R*之比。有的种菌盖边缘则是平滑的（图2-5，图2-6）。有的种菌盖边缘无絮状物（图2-1～图2-4），有的种菌盖边缘有絮状物或菌盖边缘延伸（图2-5，图2-6）。这些都是鹅膏菌分类的重要依据。而担子体的大小在一定程度上也有分类价值，根据菌盖直径尺寸，将担子体分为很小（直径≤3cm）、小型（直径3～5cm）、中等（直径5～9cm）、大型（直径9～15cm）和很大（直径≥15cm）5个等级（Bas，1969）。

菌褶　鹅膏菌的菌褶一般都是离生至近离生的（图2-7，图2-8），多为白色至米色，偶淡黄色、硫黄色、粉红色等。有些种

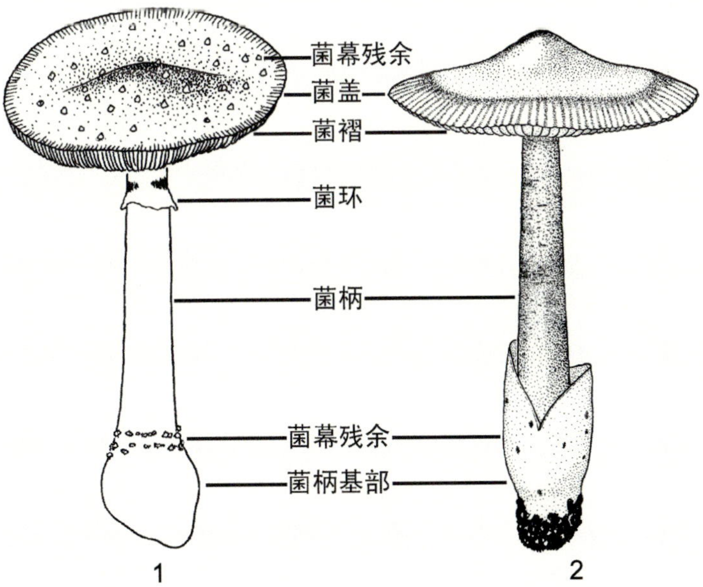

图1　鹅膏菌外形示意图
1. 担子体有菌环，在菌盖表面及菌柄基部上半部有锥状至疣状菌幕残余；
2. 担子体无菌环，在菌柄基部有袋状菌幕残余，在菌盖表面无菌幕残余

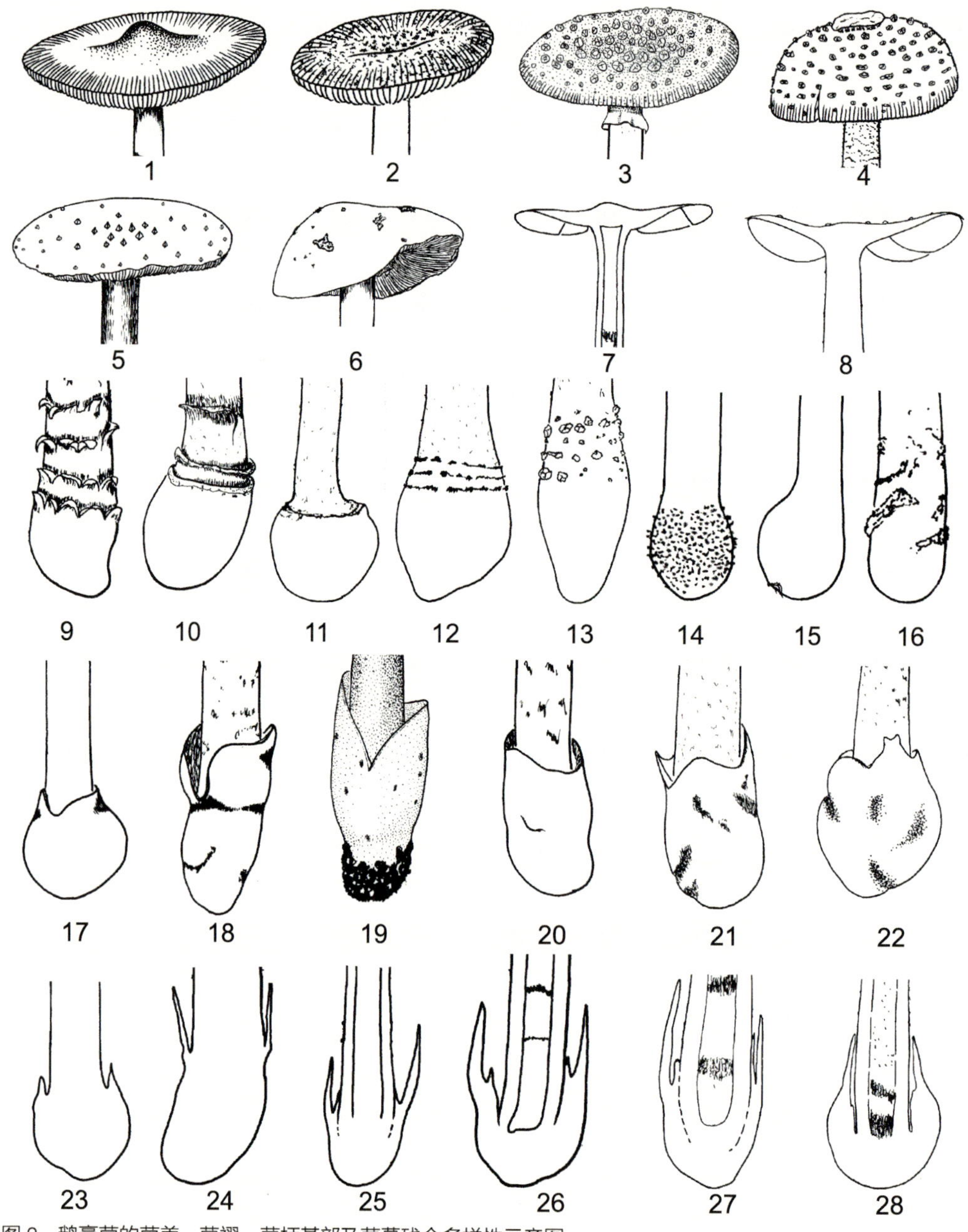

图 2　鹅膏菌的菌盖、菌褶、菌柄基部及菌幕残余多样性示意图
1~6. 菌盖及其表面的各种菌幕残余；7~8. 菌盖纵切面，示短菌褶形状；
9~22. 菌柄基部及菌幕残余形状，其中 9~16 为菌柄基部及菌幕残余的外形，
17~28 为菌柄基部和菌幕残余的外形（上）及其纵切面（下）[仿杨祝良，2005]

的短菌褶近菌柄端是平截的（图2-7），有些种的是渐变窄的（图2-8），这一特征常与菌盖边缘有无辐射状沟纹及担孢子淀粉质与否相耦合，因此是分亚属、分组和分种的重要依据（Corner & Bas，1962；Bas，1969；Yang，1997）。

菌柄　鹅膏菌的菌柄一般为圆柱形、近圆柱形，有时近棒状，常被有各式鳞片。在

有些种中，菌柄是中空的（图2-7），而在另外一些种中，菌柄是实心的（图2-8）。有的种菌柄基部膨大成近球形、卵状、梭形、腹鼓状至棒状（图2-9 ~ 图2-15，图2-17，图2-18）的球状体（bulb），有的种菌柄基部不膨大而成圆柱形至近圆柱形（图2-16，图2-19 ~ 图2-22），这是由它们个体发育方式不同所致。菌柄基部有无球状体也是鹅膏属分亚属、分组和分种的重要依据之一。

菌幕　在鹅膏菌中，由于菌幕发育复杂，成熟担子体上，菌幕残余（volval remnant）的式样十分多样（图2）。对菌幕易破碎的种来说，菌幕在成熟菌盖上可呈粉末状（图2-2）、疣状（图2-3）、锥状（图2-5）、破布状（图2-6）、毡状或絮状等等；在菌柄基部则反卷（图2-9）或呈环割状（图2-10）、杵状（图2-11）、环带状至颗粒状（图2-12，图2-13，图2-16）、粉末状（图2-14）等等。有个别种菌柄基部几乎完全无菌幕残余（图2-15）。菌盖上的菌幕残余多数是不分层的，但在有的种中，菌幕残余明显分为肉眼可辨的两层（图2-4）。对菌幕牢固的种来说，菌幕多残留于菌柄基部，呈浅杯状（图2-17，图2-18）或袋状（图2-19 ~ 图2-22），而菌盖上较少有菌幕残余（图2-1）。在袋状菌幕的内侧，有时可见到菌幕内缘（inner volval limb）（图2-19 ~ 图2-21）。

从显微结构看，菌幕主要由圆柱状的菌丝和近球形至椭圆形的膨大细胞组成。菌丝和膨大细胞的排列方式以及二者的比例，在很大程度上决定了菌幕的质地及其在成熟担子体上的形状及式样，故是鹅膏属真菌系统分类的重要特征。在菌盖表面，菌幕中的菌丝和膨大细胞有的是（近）垂直排列的，如在格纹鹅膏（*A. fritillaria*）和美黄鹅膏（*A. mira*）中就是如此；也有的是与菌盖表面（近）平行排列的，如在雀斑鳞鹅膏（*A. avellaneosquamosa*）和长柄鹅膏（*A. altipes*）中就是这样；还有的是或多或少不规则排列的，如黄鳞鹅膏（*A. subfrostiana*）和灰绒鹅膏（*A. griseofarinosa*）就属此类。更为复杂的是，有的种其菌幕在菌盖上分为两层，外层中菌丝和膨大细胞的走向或多或少与菌盖表面平行，内层中菌丝和膨大细胞的走向或多或少与菌盖表面垂直，如在拟卵盖鹅膏（*A. neoovoidea*）中就是这样；还有的种菌幕外层有较多的膨大细胞，而内层具有大量菌丝，如在绒托鹅膏（*A. tomentosivolva*）和疣托鹅膏（*A. verrucosivolva*）中就是这样。一般说来，如果菌幕由大量膨大细胞和少数菌丝组成，则菌幕易破碎，如李逵鹅膏（*A. liquii*）和灰褶鹅膏（*A. griseofolia*）；若菌幕由大量菌丝和少数膨大细胞组成，则菌幕牢固并呈膜质至纸质，如粉褶鹅膏（*A. incarnatifolia*）和袁氏鹅膏（*A. yuaniana*）。当然，在具有易碎菌幕的种和具有牢固菌幕的种之间有许多过渡的种类，这也正是鹅膏属真菌物种多样化的具体反映。在本志物种描述中，菌幕残余中的菌丝和膨大细胞的多少用“稀少”、“零星”、“较多”、“丰富”或“非常丰富”等术语来记述。油质菌丝（oleiferous hyphae 或vascular hyphae）在鹅膏菌中一般不占主导地位。

有时菌幕残余可分为肉眼可辨的若干层，如拟卵盖鹅膏菌盖上的菌幕残余外层膜状，内层粉末状。有的种如东方褐盖鹅膏

（*A. orientifulva*）菌幕残余的分层现象只有借助显微镜才能看到。

值得注意的是，菌幕残余在成熟担子体上的形状、式样会受环境特别是小环境中湿度的影响。通常，在湿度大的情况下，菌盖表皮菌丝的胶化程度会加强，结果是菌盖表皮与菌幕之间的黏附力降低；在较干燥的环境中，菌盖表皮的菌丝胶化受阻，因而菌盖表皮与菌幕之间的黏附力增强。如欧氏鹅膏（*A. oberwinklerana*）就是一个典型的例子。有时，其菌幕几乎全部留于菌盖表面，菌柄基部只有少许残余，反映出了典型的鳞鹅膏组（sect. *Lepidella*）的特征；有时，菌幕几乎全部留于菌柄基部，形成一个完整的、浅杯状的菌托，这与檐托鹅膏组（sect. *Phalloideae*）的特征完全一致；有时，菌盖上和菌柄基部各留一部分，仿佛两个组的特征兼而有之。作者曾将欧氏鹅膏置于檐托鹅膏组（Yang & Doi，1999；杨祝良，2005），但分子系统发育研究结果表明它不是檐托鹅膏组的成员，应属于鳞鹅膏组（Zhang et al.，2010；Cai et al.，2014）。此外，雨水可将菌盖上的菌幕残余全部冲刷掉。由于成熟担子体上菌幕残余的形状和式样在一定程度上会受环境影响，所以，在野外观察和采集鹅膏菌标本时，需要特别细心，否则在分类鉴定时容易误入歧途。即便如此，少数物种的系统位置也会被误置，故作者有意将此类物种编在不同组的分种检索表中，以便检索，但其形态描述及插图只安排在该种所在组中。

在有些书中，曾将鹅膏菌菌盖表面的菌幕残余称之为“鳞片”或“附属物”，菌柄基部的菌幕残余称之为“菌托”。事实上，鹅膏菌菌盖表面和菌柄基部的“附属物”、“鳞片”或“菌托”都是菌幕的成分，本书将鹅膏菌成熟担子体上的菌幕统称为“菌幕残余”。但考虑到我国读者的习惯，在有关种的相关描述部分“菌托”这个词仍附在“菌幕残余”之后。

菌环　在本书中，生于鹅膏菌菌柄上的裙状至环状物统称为“菌环（annulus）”。菌环上下表面的颜色不同种会有差异。菌环的着生位置因种而异，多数种的菌环着生于菌柄中上部，有的种菌环着生于菌柄的顶部或近顶部（顶生或近顶生），个别种菌环着生于菌柄的中下部。有些物种的菌环较为牢固而呈膜状，有些物种的菌环易在菌盖伸张中撕破而残留于菌盖边缘或菌柄上，故用“菌环残余（annulus remnant）”来描述，“菌环残余”与“菌幕残余”是不同的。

菌环的显微结构在鹅膏菌的系统分类上具有一定参考价值。如有时碎托鹅膏组（sect. *Validae*）的成员外形很像鳞鹅膏组（sect. *Lepidella*）的成员，但前者的菌环主要由菌丝组成，而后者的主要由膨大细胞构成。

担子　鹅膏菌绝大多数种的担子呈棒状，具有4小梗（图3-2），偶尔只具1、2或3小梗。个别种如致命鹅膏（*A. exitialis*）的多数担子具2小梗（图3-3）。鹅膏属真菌的担子较长，多在30～80μm，而黏伞属担子长度一般不超过30μm。在鹅膏菌的菌褶横切面上，除担子组成的子实层外，还有亚子实层、侧生菌髓和中央菌髓等结构，菌褶菌髓一般都是两侧型的（图3-2）。

担孢子　在鹅膏菌中，有些种的担孢子壁是淀粉质（amyloid）的，而其余种的担孢子壁则是非淀粉质的。在鹅膏属分类中，担

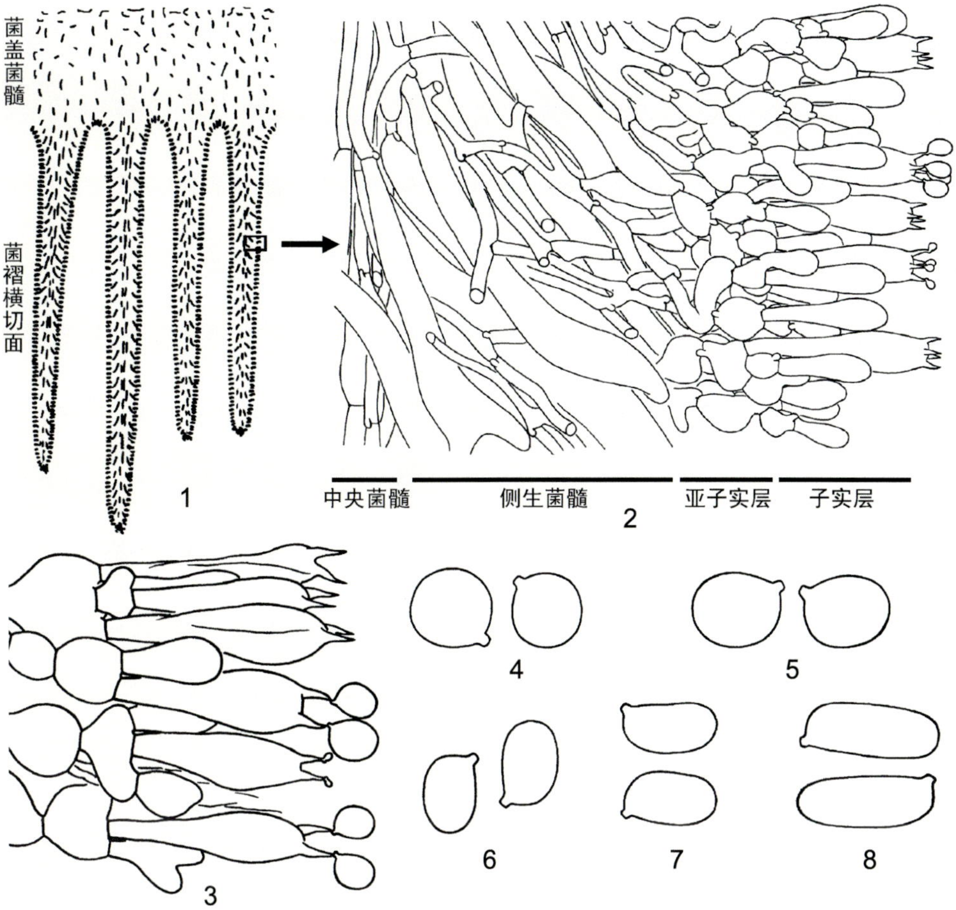

图 3　鹅膏菌的菌褶横切面及部分显微特征示意图

1. 鹅膏菌的菌褶横切面；2. 鹅膏菌菌褶两侧型的显微结构，示中央菌髓、侧生菌髓、亚子实层及子实层，担子具 4 小梗；3. 子实层及部分亚子实层，其中的担子具 2 小梗；4～8. 不同形状的担孢子（4. 球形至近球形，5. 宽椭圆形，6. 椭圆形，7. 长椭圆形，8. 圆柱形）

孢子淀粉质与否是十分重要的。研究中有必要利用梅氏试剂（Melzer's reagent）（碘0.5g，碘化钾1.5g；蒸馏水22ml；水合氯醛22g），检测担孢子是否为淀粉质。在梅氏试剂中，若担孢子的壁呈蓝色至紫蓝色，担孢子为淀粉质；而若担孢子的壁呈米色至淡黄色，则担孢子为非淀粉质。鹅膏菌的担孢子形状、大小是相对稳定的，是分种的重要依据。在本书种的描述部分，担孢子的长或宽以（a）b ~ c（d）表示，90%的测量数值落在b和c之间，a、d分别为测量数据中的最小值和最大值；担孢子的长宽比用*Q*表示，而***Q***（黑体）为担孢子长宽比的样本算术平均数与标准差。担孢子的形状是依其长宽比来划分的，具体如下：球形至近球形（*Q*=1.0 ~ 1.15）、宽椭圆形（*Q*=1.15 ~ 1.3）、椭圆形（*Q*=1.3 ~ 1.6）、长椭圆形（*Q*=1.6 ~ 2.0）、圆柱形（*Q*=2.0 ~ 3.0）（图3-4 ~ 图3-8）。

锁状联合　在鹅膏菌中，锁状联合的有无是相当稳定的，是分种的重要特征。忽视这一特征，可能会导致错误鉴定。若要判断某种是否有锁状联合，应将注意力放在亚子实层菌丝及担子基部横隔上（如图3-2锁状联合常见，而图3-3锁状联合阙如），因为某物种若有锁状联合，在亚子实层菌丝及担子基部横隔上一定能观察到，但在担子体的其他部位未必能观察到。在本书中，若无特殊说明，“锁状联合常见”是指在担子体各部位锁状联合都很常见、常见或较常见，易于观察到；而“锁状联合阙如”则是指在担子体的各部位都没有锁状联合。

囊状体　鹅膏菌无侧生囊状体（pleurocystidium），但在褶缘有不育的膨大细胞。由于鹅膏菌菌褶的发育方式十分特殊，褶缘的膨大细胞不仅包括了真正的褶缘囊状体，而且包括了菌环的部分残留，因此不能将它们都称之为褶缘囊状体。不过，它们在鹅膏菌分类中的价值似乎不大。

第二节
剧毒鹅膏与非剧毒鹅膏的形态差异

对鹅膏的基本形态特征有所了解后，在此我们可以将剧毒鹅膏与非剧毒鹅膏的形态差异进行总结（图4），供读者在实践中使用。通常，剧毒鹅膏的菌柄不中空、菌柄纵切面基部有一近球形的膨大、短菌褶在菌柄端渐窄（参见本书黄盖鹅膏*A. subjunquillea*纵切面图片，第151页）；非剧毒鹅膏的菌柄常中空、菌柄基部几乎不膨大、短菌褶在菌柄端似刀切过一样是平截的（参见本书拟橙盖鹅膏*A. caesareoides*纵切面图片，第57页）。尽管在形态上，剧毒鹅膏与非剧毒鹅膏是可以区分的，但为避免误食有毒鹅膏，作者强烈建议不要采食“头上戴帽（指有菌盖）、腰间系裙（指有菌环）、脚上还穿鞋（指有菌托）”的蘑菇，因为这类蘑菇中的不少物种是剧毒的（文华安等，2013）。

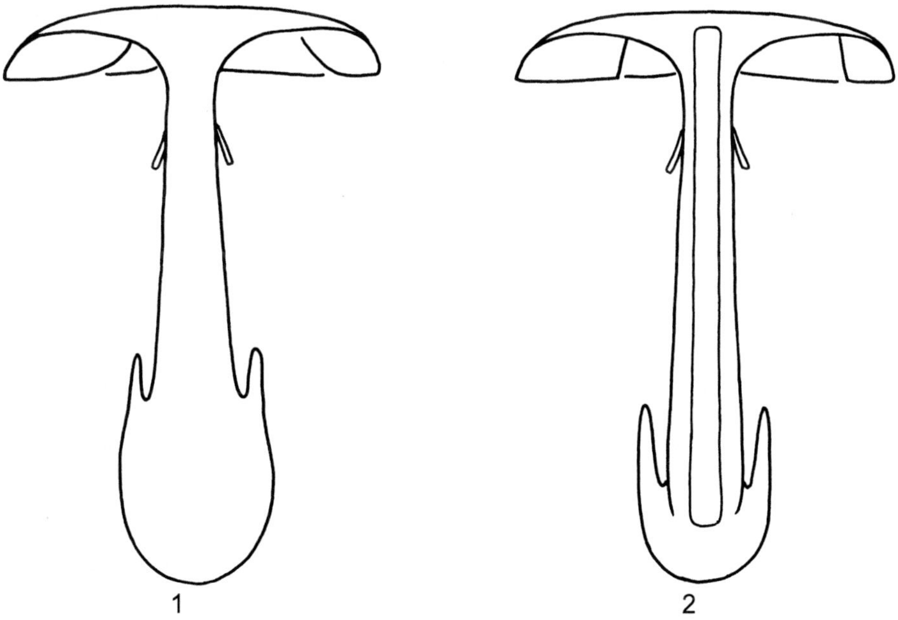

图 4　剧毒鹅膏与非剧毒鹅膏的形态差异示意图
1. 剧毒鹅膏（短菌褶渐窄、菌柄实心、菌柄基部膨大）；
2. 非剧毒鹅膏（短菌褶平截、菌柄空心、菌柄基部不膨大）

第三节
鹅膏科分属检索表

鹅膏科包括鹅膏属（*Amanita*）、黏伞属（*Limacella*）和*Catatrama*。过去，该科也包括*Amarrendia*和*Torrendia*，近来的研究表明，这两个属应该归并到鹅膏属中（Justo et al., 2010）。迄今，我国只发现鹅膏属和黏伞属。

1. 菌盖表面的菌幕残余不胶化或仅基部胶化；菌柄基部有各式菌幕残余；褶缘有不育细胞；菌盖表皮由近辐射状的菌丝组成；担子长度一般大于30μm；担孢子长度大于6μm…………**鹅膏属*Amanita***
1. 菌盖表面无菌幕残余，若有菌幕残余则全部胶化；菌柄基部无菌幕残余；褶缘无不育细胞；菌盖表皮由近垂直排列的菌丝或膨大细胞组成；担子长度一般不超过30μm；担孢子长度一般小于6μm…………**黏伞属*Limacella***

第2章

鹅膏属

Amanita Pers.

鹅膏属是个大属，不但物种丰富，同时是一个分类难度较大的属，目前一般将该属分为2亚属7组（Yang，1997；杨祝良，2005）。有必要在掌握该属特征的基础上，把握属下各组的要点，进而认识各组下的物种。

第一节
鹅膏属的特征

菌盖光滑或常被各式菌幕残余。菌褶离生至近离生，白色至米色，偶尔淡黄色、硫黄色、粉红色、淡灰色。菌柄近圆柱形，基部膨大或不膨大。菌环或宿存或容易消失或阙如。菌肉通常白色，受伤后不变色，但有时受伤后会变为淡褐色、淡红色、淡黄色等。菌幕残余呈锥状、疣状、粉末状、絮状、膜状、毡状、袋状、浅杯状或同心环状等等多种结构残留于菌盖表面或菌柄基部。担孢子印多为白色，有时米黄色、淡黄色或淡黄绿色等。

菌褶菌髓两侧型，有中央菌髓和侧生菌髓之分。担子较长，多具4小梗，稀全部只长2小梗。担孢子球形至近圆柱形，无色，透明，薄壁，多光滑，偶有细小疣突，淀粉质或非淀粉质。褶缘不育，由膨大细胞和菌丝组成，胶化至不胶化。侧生囊状体阙如。菌盖表皮由近辐射状排列的菌丝组成，菌丝常胶化。菌幕由膨大细胞和菌丝组成，在菌盖表面的菌幕残余仅基部胶化。菌柄主要由纵向排列的膨大顶端细胞组成，在膨大细胞间夹杂有或多或少纵向排列的菌丝。锁状联合常见或阙如。

后选模式：鹅膏*Amanita muscaria* (L.: Fr.) Lam.。

生境：鹅膏菌常见于林中地上，与多种乔木、灌木和少数草本植物形成外生菌根关系。少数种见于开阔地上，不形成菌根（Wolfe et al.，2012）。

第二节
鹅膏属分组检索表

1. 担孢子非淀粉质；菌盖边缘通常有辐射状沟纹；短菌褶几乎总是平截的（鹅膏亚属*Amanita* subgen. *Amanita*）……………………………………………… 2
1. 担孢子淀粉质；菌盖边缘通常平滑；短菌褶渐窄，偶尔是平截的（鳞鹅膏亚属*Amanita* subgen. *Lepidella*）……………………………………………… 4
2. 菌柄基部不膨大，不呈球状至近球状；菌幕多呈袋状，残留于菌柄基部，有时菌幕在个体发育中易撕破而部分留于菌盖表面和菌柄基部，留于菌柄基部者呈环带状……………… 3
2. 菌柄基部膨大呈球状至近球状；菌幕通常在个体发育中被撕破而残留于菌盖表面和菌柄基部……………………………………………… **鹅膏组**sect. ***Amanita***
3. 菌环存在；锁状联合常见……………………………… **橙盖鹅膏组**sect. ***Caesareae***
3. 菌环阙如；锁状联合阙如……………………………… **鞘托鹅膏组**sect. ***Vaginatae***
4. 菌盖边缘常有絮状物；菌盖色较淡，污白色、淡灰色至灰色、淡褐色；菌环膜质至易破碎，主要由膨大细胞组成……………………………………………… 5
4. 菌盖边缘无絮状物；菌盖色较深，灰色、深灰色、灰褐色至近黑色，有时黄色或白色；菌环膜质，主要由菌丝组成……………………………………………… 6
5. 菌盖边缘常有辐射状沟纹；菌幕呈袋状残留于菌柄基部，常分为内外两层，内层容易撕破而呈鳞片状、絮状或粉末状残留于菌盖表面；菌褶干后明显变为暗色（干燥缓慢时尤为明显），短菌褶多为平截……………………………………………… **暗褶鹅膏组**sect. ***Amidella***
5. 菌盖边缘无辐射状沟纹；菌幕呈絮状、瘤状、锥状、破布状等残留于菌盖表面或菌柄基部，稀呈杯状或浅杯状残留于菌柄基部，通常不分层；菌褶干后一般不变为暗色，短菌褶多为渐窄……………………………………………… **鳞鹅膏组**sect. ***Lepidella***
6. 菌幕不易破碎，膜质，浅杯状，有游离托檐，多宿存于菌柄基部，偶有少量残留于菌盖表面……………………………………………… **檐托鹅膏组** sect. ***Phalloideae***
6. 菌幕易破碎，絮状、瘤状、锥状、糠麸状或破布状，残留于菌盖表面和菌柄基部，菌柄基部膨大呈球状至近球状，有时球状体上部近平截而呈杵状……………… **碎托鹅膏组** sect. ***Validae***

第三节
鹅膏属各组分种（变种及变型）检索表

鹅膏组 sect. *Amanita* 分种（变型）检索表

1. 菌环阙如……2

1. 菌环存在（但有时会脱落，如土红鹅膏、泰国鹅膏等的菌环很易脱落）……7

2. 担子4小梗，担子基部无锁状联合……3

2. 担子2小梗，担子基部有锁状联合……**灰黄双孢鹅膏*A.* sp. 3**

3. 菌盖淡灰色、灰褐色、淡褐色至深褐色；菌幕残余污白色、灰色至褐灰色……4

3. 菌盖淡黄色至橘红色；菌幕残余米色至黄色……5

4. 菌幕残余锥状、角锥状，稀颗粒状，污白色、淡灰色、灰褐色至褐色，顶端色较淡；担孢子球形至近球形，6.5 ~ 8.5 × 6 ~ 8μm……**残托鹅膏原变型*A. sychnopyramis* f. *sychnopyramis***

4. 菌幕残余粉质至小疣状，灰色至褐灰色；担孢子近球形至宽椭圆形，6.5 ~ 8 × 5.5 ~ 7μm……**小托柄鹅膏*A. farinosa***

5. 担孢子球形至近球形，*Q*=1 ~ 1.19……6

5. 担孢子椭圆形至宽椭圆形，8.5 ~ 10.5 × 6 ~ 7.5μm……**小毒蝇鹅膏*A. melleiceps***

6. 菌盖直径4 ~ 8cm；担孢子较小，6 ~ 8 × 6 ~ 7.5μm……**美黄鹅膏*A. mira***

6. 菌盖直径3 ~ 5cm；担孢子稍大，7.5 ~ 9.5 × 7 ~ 9μm……**脱皮鹅膏*A. elata***

7. 担孢子球形至近球形，偶宽椭圆形，*Q*=1 ~ 1.25……8

7. 担孢子宽椭圆形、椭圆形至长椭圆形，*Q*=1.15 ~ 1.9……15

8. 菌盖红色至橘红色……9

8. 菌盖白色、污白色、灰白色、灰褐色、土褐色、黄褐色至黄色……10

9. 菌幕残余黄色至橘红色；担孢子8.5 ~ 10.5 × 8 ~ 10μm；锁状联合常见……**黄鳞鹅膏*A. subfrostiana***

9. 菌幕残余红色至橘红色，有时黄色；担孢子7.5 ~ 9 × 7 ~ 8μm；锁状联合阙如……**红托鹅膏*A. rubrovolvata***

10. 菌盖黄色、黄褐色、灰褐色、土褐色至深褐色；菌幕残余破布状、疣状至锥状，橘红褐色、红褐色、皮革褐色、淡灰色至污白色；菌柄光滑或被灰色至深灰色鳞片……11

10. 菌盖白色至污白色；菌幕残余圆锥状、角锥状至颗粒状，白色至污白色；菌柄被白色絮状至粉末状鳞片……**环鳞鹅膏*A. concentrica***

11. 菌盖黄色、灰褐色、土褐色至深褐色；菌幕残余破布状、疣状至锥状，污白色至淡灰色；菌

柄光滑或被灰色至深灰色鳞片……………………………………………………………………12

11. 菌盖黄褐色；菌幕残余多呈粉末状，橘红褐色、红褐色至皮革褐色；菌柄被红褐色至褐色粉末状鳞片……………………………………………………………………**土红鹅膏*A. rufoferruginea***

12. 锁状联合阙如……………………………………………………………………13

12. 锁状联合常见；担孢子7 ~ 8.5 × 6.5 ~ 8μm……………………………………**污鳞球孢鹅膏*A.* sp. 2**

13. 菌盖米色、淡黄色至黄色；菌幕残余淡黄色、黄色至污黄色，毡状至絮状；菌环若存在，一般为上位至近顶生……………………………………………………………………14

13. 菌盖淡褐色、灰褐色、土褐色至深褐色；菌幕残余污白色至淡灰色，锥状、角锥状；菌环常常中位至下位；担孢子较小，6.5 ~ 8.5 × 6 ~ 8μm……………………………………………………………………**残托鹅膏有环变型*A. sychnopyramis* f. *subannulata***

14. 菌盖直径4 ~ 9cm；菌环存在，上位至近顶生，膜质；担孢子稍大，8 ~ 10 × 7.5 ~ 9.5μm；主要生亚热带的亚高山寒温性针叶林中地上……………………………………**长柄鹅膏*A. altipes***

14. 菌盖直径3 ~ 5cm；菌环阙如，但有时在菌柄上由菌幕残余形成一个环状物；担孢子稍小，7.5 ~ 9.5 × 7 ~ 9μm；生热带至南亚热带林中地上……………………………………**脱皮鹅膏*A. elata***

15. 锁状联合常见……………………………………………………………………16

15. 锁状联合阙如……………………………………………………………………20

16. 菌柄基部与菌柄之间界线明确，菌幕残余常呈卷边状或袖口状；菌盖或多或少带褐色或黄色调或为红色，菌盖表皮明显胶化；菌幕残余白色、污白色至淡黄色或淡灰色，含有大量近球形至宽椭圆形的膨大细胞……………………………………………………………………17

16. 菌柄基部与菌柄之间无明显界线，菌幕残余不呈卷边状或袖口状；菌盖污白色至淡灰色，菌盖表皮几乎不胶化；菌幕残余瓦灰色、灰色至灰褐色，含有大量椭圆形至梭形的膨大细胞……………………………………………………………………**中华鹅膏*A. sinensis***

17. 菌盖淡褐色、皮革褐色至琥珀褐色，中部色较深；菌柄基部近球状，菌幕残余常呈完整的领口状；菌盖上的菌幕残余含有大量油质菌丝……………………………………………………18

17. 菌盖鲜黄色至黄色或鲜红色至橘红色；菌柄基部卵状至近球状，菌幕残余常不规则排列，偶呈完整的领口状；菌盖上的菌幕残余稀含油质菌丝……………………………………19

18. 担孢子较小，8 ~ 10 × 6.5 ~ 7.5μm；锁状联合在担子体各部位都常见；多分布于温带地区……………………………………………………………………**假球基鹅膏*A. ibotengutake***

18. 担孢子较大，8.5 ~ 12 × 7 ~ 9.5μm；锁状联合仅在担子基部和亚子实层中常见；多分布于亚热带地区……………………………………………………………………**球基鹅膏*A. subglobosa***

19. 菌盖鲜黄色、黄色至淡黄色，中部有时色稍深；菌盖表面菌幕残余毡状、破布状至碎片状，有时近锥状；菌环易脱落消失；担孢子8 ~ 10 × 6 ~ 7.5μm……………**东方黄盖鹅膏*A. orientigemmata***

19. 菌盖鲜红色至橘红色，有时带黄色；菌盖表面菌幕残余锥状、角锥状、疣状至颗粒状，有时毡状；菌环宿存；担孢子9 ~ 11.5 × 7 ~ 8.5μm……………………………………**鹅膏*A. muscaria***

20. 菌柄基部膨大呈腹鼓状、近球状至卵形，不呈杵状至浅杯状……………………21
20. 菌柄基部膨大呈杵状至浅杯状……………………假黄盖鹅膏*A. pseudogemmata*
21. 菌盖表面菌幕残余疣状、颗粒状至锥状，白色、米色至灰色；菌柄被白色至污白色纤毛状鳞片……………………22
21. 菌盖表面菌幕残余粉末状至细疣状，黄褐色至锈褐色并带橄榄色调；菌柄被黄褐色至锈褐色粉末状鳞片……………………泰国鹅膏*A. siamensis*
22. 担子体纤细；菌盖淡黄色、蜜黄色、黄色、淡灰色或淡褐色，有时中央褐色或边缘白色；分布于南亚热带阔叶林、亚热带温性针叶林或针阔混交林中地上……………………23
22. 担子体粗壮；菌盖灰褐色、褐色至黄褐色；分布于亚热带的亚高山寒温性针叶林中地上……………………假豹斑鹅膏*A. pseudopantherina*
23. 菌盖边缘淡灰色、淡褐色或淡黄褐色，中央或多或少褐色；担孢子8.5 ~ 11.5 × 7 ~ 8.5μm；分布于亚热带温性针叶林或针阔混交林中地……………………小豹斑鹅膏*A. parvipantherina*
23. 菌盖边缘近白色至米色，中央淡黄色、黄色至蜜黄色；担孢子7.5 ~ 9 × 5.5 ~ 6.5μm；分布于亚热带常绿阔叶林中地上……………………黄顶白缘鹅膏**A. sp. 1**

橙盖鹅膏组 sect. *Caesareae* Singer ex Singer 分种（变种）检索表

1. 担孢子近球形至宽椭圆形，9 ~ 13 × 8.5 ~ 11μm，*Q*=1 ~ 1.33……………………2
1. 担孢子宽椭圆形、椭圆形至长椭圆形，9 ~ 13 × 6 ~ 9μm，*Q*=1.2 ~ 1.6……………………8
2. 菌盖白色……………………3
2. 菌盖非白色……………………5
3. 菌盖边缘沟纹较长（0.2 ~ 0.3*R*）……………………4
3. 菌盖边缘沟纹较短（0.1 ~ 0.2*R*）……………………短棱鹅膏白化体*A. imazekii*
4. 菌幕残余（菌托）外表面污白色至淡灰褐色，龟裂；菌环常脱落；担孢子近球形至宽椭圆形，*Q*=1.09 ~ 1.33；多分布于热带至南亚热带……………………白条盖鹅膏*A. chepangiana*
4. 菌幕残余（菌托）外表面白色至淡灰色，不龟裂；菌环宿存；担孢子近球形，*Q*=1.05 ~ 1.14；分布于亚热带……………………大白鹅膏*A.* cf. *chepangiana*
5. 菌盖灰色、淡灰色至褐灰色；边缘有短沟纹（0.1 ~ 0.3*R*）……………………6
5. 菌盖赭色、淡赭色、淡黄色至橄榄褐色；边缘有长沟纹（0.2 ~ 0.4*R*）……………………7
6. 菌柄被白色鳞片……………………短棱鹅膏*A. imazekii*
6. 菌柄被灰褐色至深灰色鳞片……………………灰鳞柄鹅膏*A.* cf. *imazekii*
7. 菌盖中央淡橄榄色，边缘近白色；菌柄基部菌幕残余外表面污白色，无龟裂……………………淡色高大鹅膏**A. sp. 8**
7. 菌盖中央赭色、淡赭色至淡黄色，边缘淡黄褐色；菌柄基部菌幕残余（菌托）外表面污白色、淡灰色至淡褐色，常龟裂成小片状至小块状……………………高大鹅膏*A. princeps*

8. 菌盖非白色；分布于热带、亚热带或温带林中地上……………………………………………………………9

8. 菌盖白色；分布于亚热带的亚高山寒温性针叶林中地上……………………………………………………………

……………………………………………………………黄褐鹅膏白化体***A. hemibapha*** var. ***ochracea***

9. 褶缘淡黄色、黄色、红色至橘红色；菌柄被红色、黄色、橘黄色、褐黄色鳞片；菌盖颜色鲜艳（主色为黄、红、褐及其组合）……………………………………………………………10

9. 褶缘白色至淡灰色；菌柄被白色至灰色鳞片；菌盖不鲜艳（主色为灰色或灰褐色）……………20

10. 菌盖中央不凸起……………………………………………………………11

10. 菌盖中央明显凸起……………………………………………………………13

11. 菌盖中央红色至橘红色、橄榄褐色至暗褐色，边缘颜色较淡……………………………12

11. 菌盖中央和边缘皆为黄色……………………………………………………………黄蜡鹅膏***A. sp. 6***

12. 菌盖中央橄榄褐色至暗褐色……………………………………………………褐顶黄缘鹅膏***A. sp. 5***

12. 菌盖中央红色至橘红色……………………………………………………………红黄鹅膏***A. hemibapha***

13. 菌盖中央红色至黄色；分布于热带、亚热带或温带……………………………………………14

13. 菌盖中央褐色，至边缘渐变为黄褐色至黄色；菌褶白色至米色；菌柄被黄褐色至黄色鳞片；分布于亚热带的亚高山寒温性针叶林中地上……………黄褐鹅膏***A. hemibapha*** var. ***ochracea***

14. 菌盖黄色至红色；分布于热带、亚热带的暖性针叶林、温性针叶林及常绿阔叶林中…………15

14. 菌盖幼时深红色至红色，成熟后中央红色至橘红色，至边缘渐变为黄色至淡橘红色；菌柄被淡橘红色至黄色鳞片；温带阔叶林中分布，稀见于亚热带阔叶林中……拟橙盖鹅膏***A. caesareoides***

15. 菌盖中央与边缘的颜色差别明显；多见于热带、亚热带常绿阔叶林中……………………………16

15. 菌盖中央与边缘的颜色皆为黄色，菌褶黄色至淡黄色；菌柄被淡黄色至黄色鳞片；多见于亚热带针叶林及针阔混交林中……………………………………………………黄蜡鹅膏***A. sp. 6***

16. 菌褶边缘及菌环不为红色至橘红色……………………………………………………………17

16. 菌褶边缘及菌环红色至橘红色……………………………………………………爪哇鹅膏***A. javanica***

17. 菌盖中央具圆钝凸起或凸起不明显，红色、橄榄褐色至橄榄灰色……………………………18

17. 菌盖中央具乳头状凸起，褐色至暗褐色……………………………………………乳头鹅膏***A. sp. 7***

18. 菌盖中央具圆钝凸起或凸起不明显，橄榄褐色至暗褐色……………………………………19

18. 菌盖中央具圆钝凸起，红色至深红色，边缘黄色……………………………凸顶红黄鹅膏***A. sp. 4***

19. 菌盖中央具圆钝凸起或凸起不明显，褐色至暗褐色，边缘蜜黄色至玉米黄色；菌柄黄色或被黄色鳞片；菌环黄色……………………………………………………褐顶黄缘鹅膏***A. sp. 5***

19. 菌盖中央具圆钝凸起，灰色、暗灰色至橄榄褐色，边缘灰黄色；菌柄淡黄色或被淡黄色鳞片；菌环淡黄色……………………………………………………淡橄榄色鹅膏***A.*** cf. ***similis***

20. 菌褶粉红色……………………………………………………………21

20. 菌褶白色至米色……………………………………………………………22

21. 菌盖边缘沟纹较短（0.2～0.4*R*）；菌褶较密；担孢子较窄9.5～13.5×7～9.5μm，*Q*=1.25～1.53

……………………………………………………………………………………………粉褶鹅膏**A. incarnatifolia**

21. 菌盖边缘沟纹较长（0.3 ~ 0.5*R*）；菌褶较稀；担孢子较宽10 ~ 12.5 × 8 ~ 10μm，*Q*=1.17 ~ 1.39 ……………………………………………………………………………………………长棱鹅膏**A. longistriata**

22. 菌盖表面有色斑……………………………………………………………………………………………23

22. 菌盖表面无色斑…………………………………………………………………………可食鹅膏**A. esculenta**

23. 菌盖边缘有较长的沟纹（0.2 ~ 0.3*R*）；菌柄上有灰褐色鳞片；菌托中膨大细胞丰富 ……………………………………………………………………………………………湖南鹅膏**A. hunanensis**

23. 菌盖边缘沟纹较短（达0.1*R*）；菌柄上有白色至淡灰色鳞片；菌托中膨大细胞较少 ……………………………………………………………………………………………袁氏鹅膏**A. yuaniana**

鞘托鹅膏组 sect. *Vaginatae* (Fr.) Quél. 分种（变种）检索表

1. 菌柄基部菌幕残余（菌托）膜质，常呈鞘状、袋状或杯状；菌盖上稀有菌幕残余（若有则多为膜状，并且色淡）；担孢子球形至椭圆形……………………………………………………………2

1. 菌柄基部菌幕残余（菌托）疣状至近锥状或颗粒状，呈不完整的带状排列；菌盖上常有毡状、疣状至不规则的菌幕残余；担孢子球形至近球形，有时椭圆形……………………………………17

2. 菌褶白色至米色；菌柄白色、污白色至淡灰色…………………………………………………………3

2. 菌褶蟹红色至肉红色；菌柄上半部粉红色………………………………………蟹红鹅膏**A. pallidocarnea**

3. 菌柄基部菌幕残余（菌托）外表面光滑，无疣凸或绒毛状至毡状鳞片…………………………………4

3. 菌柄基部菌幕残余（菌托）外表面有锈褐色至淡褐色疣凸或绒毛状至毡状鳞片……………………16

4. 担孢子球形至近球形（*Q*=1.0 ~ 1.1）；在显微镜下观察菌柄基部菌幕残余（菌托）不分层 ……5

4. 担孢子近球形、宽椭圆形至椭圆形（*Q*=1.05 ~ 1.41）；在显微镜下可见菌柄基部菌幕残余（菌托）不分层或分为二层…………………………………………………………………………………12

5. 菌盖非白色………………………………………………………………………………………………6

5. 菌盖白色……………………………………………………灰托鹅膏白色变种**A. vaginata** var. **alba**

6. 菌盖边缘沟纹内侧末端有深色环纹……………………………………………………………………7

6. 菌盖上无深色环纹………………………………………………………………………………………9

7. 菌盖灰色、灰褐色至褐黄色；菌褶白色至污白色；菌柄被淡灰色、淡褐色至灰褐色细小鳞片或纤毛；菌托白色至污白色，其内部的膨大细胞多无胞内色素………………………………………8

7. 菌盖深褐色至近黑色；菌褶淡灰色至灰色；菌柄密被深灰色至近黑色的鳞片；菌托常灰褐色，其内部的膨大细胞具有淡褐色至灰褐色胞内色素………………………………暗褐鹅膏**A. atrofusca**

8. 菌盖颜色较淡（灰褐色）；菌柄被白色细小鳞片；菌托污白色至白色，其内部的膨大细胞无胞内色素；担孢子9 ~ 11 × 8.5 ~ 9.5μm……………………………………………………暗圈鹅膏**A. sp. 9**

8. 菌盖颜色较深（暗褐色）；菌柄被淡灰色、淡褐色至灰褐色细小鳞片；菌托锈褐色至污白色，其内部的膨大细胞有时有胞内色素；担孢子10 ~ 13 × 9.5 ~ 12μm………褐黄鹅膏**A. umbrinolutea**

9. 菌盖边缘沟纹较短（0.15 ~ 0.3*R*）；菌褶较密；菌托白色至污白色，有时有淡褐色斑纹 ········· 10

9. 菌盖边缘沟纹较长（0.4 ~ 0.5*R*）；菌褶较稀；菌托淡灰色；担孢子9.5 ~ 11 × 9.5 ~ 10.5μm ··················· **窄褶鹅膏*A. angustilamellata***

10. 菌盖灰色、淡灰色，有时有褐色调 ··································· 11

10. 菌盖中央黄色至黄褐色，至边缘变为淡黄色至米色 ··················· **杏黄鹅膏*A.* cf. *crocea***

11. 担子体较大；菌盖灰色，有时有褐色调；菌托白色 ··················· **灰托鹅膏*A. vaginata***

11. 担子体较小；菌盖淡灰色，有时污白色；菌托常污白色至灰色 ··················· **小污白鹅膏*A. nivalis***

12. 菌盖淡灰色、灰色至深灰色、褐色、红褐色、深褐色至近黑褐色；菌柄白色、灰色至褐色··· 13

12. 菌盖中央褐色，边缘灰黄色至黄色；菌柄黄色，下部有时淡红色 ··················· **黄边鹅膏*A. hamadae***

13. 菌盖直径3 ~ 7cm，淡灰色、灰色至深灰色 ··································· 14

13. 菌盖直径达15cm，褐色、红褐色、深褐色至近黑褐色 ··································· 15

14. 菌盖直径4 ~ 7cm，光滑，偶有白色膜状菌幕残余；边缘沟纹较长（0.3 ~ 0.4*R*）；菌托大，白色至污白色；担孢子9 ~ 11 × 7.5 ~ 9μm，*Q*=1.13 ~ 1.38 ··················· **卵孢鹅膏*A. ovalispora***

14. 菌盖直径3 ~ 6cm，常有淡灰色毡状至疣状菌幕残余；边缘沟纹较短（0.2 ~ 0.3*R*）；菌托小，上部边缘常灰色；担孢子9.5 ~ 12.5 × 8 ~ 10.5μm，*Q*=1.05 ~ 1.33 ··················· **假灰托鹅膏*A. pseudovaginata***

15. 菌盖中央暗褐色至黑褐色，边缘淡灰褐色；菌柄基部菌幕残余（菌托）袋状外表面白色至污白色，被有淡皮革色斑块状鳞片；菌托外层的膨大细胞比内层的多；担孢子10.5 ~ 13 × 9.5 ~ 12μm，*Q*=1.06 ~ 1.24 ··················· **褐烟色鹅膏*A. brunneofuliginea***

15. 菌盖中部红褐色至褐色或深褐色，至边缘逐渐变为褐色、红褐色或黄褐色；菌柄基部菌幕残余（菌托）外表面白色并有锈色斑纹，上部边缘常为淡褐色；菌托内层的膨大细胞比外层的多；担孢子10 ~ 14 × 9.5 ~ 13μm，*Q*=1.0 ~ 1.12 ··················· **东方褐盖鹅膏*A. orientifulva***

16. 菌盖直径约5.5cm，褐色至淡褐色，边缘沟纹灰色，沟纹内侧末端有深色环纹；菌柄带白色，有灰色蛇皮纹状花纹；菌柄基部菌幕残余（菌托）外表面被锈褐色毡状至绒状或疣状物；担孢子11.5 ~ 14 × 11 ~ 13.5μm ··················· **绒托鹅膏*A. tomentosivolva***

16. 菌盖直径7 ~ 14cm，中央橘红色、橘红黄色，边缘淡黄色，无深色环纹；菌柄白色至米色，被有黄色至橘红色蛇皮纹状鳞片；菌柄基部菌幕残余（菌托）外表面被锈褐色至淡褐色疣状物；担孢子10 ~ 12.5 × 9 ~ 12μm ··················· **疣托鹅膏*A. verrucosivolva***

17. 担孢子球形至近球形 ··································· 18

17. 担孢子宽椭圆形 ··················· **椭孢缠足鹅膏*A.* sp. 10**

18. 担孢子直径多大于11μm ··································· 19

18. 担孢子直径稀大于11μm ··················· **缠足鹅膏*A. cinctipes***

19. 菌盖直径10 ~ 14cm，深褐色至近黑色，具灰色、深灰色至深褐色的毡状、疣状至不规则的菌幕残余；菌柄粗壮，直径1.5 ~ 3cm，被深灰色至近黑色鳞片；担孢子11.5 ~ 15 × 11 ~ 14.5μm；

分布于亚热带的亚高山寒温性针叶林中……………………………………………………………李逵鹅膏**A. liquii**

19. 菌盖直径3 ~ 7（9）cm，灰色、暗灰色至褐灰色，具灰色至深灰色易脱落的粉质颗粒状至毡状菌幕残余；菌柄细长，直径0.5 ~ 1.5cm，被灰色鳞片；担孢子10 ~ 12.5 × 10 ~ 11.5μm；分布于亚热带的暖性针叶林、温性针叶林及常绿阔叶林中……………………………………灰褶鹅膏**A. griseofolia**

暗褶鹅膏组 sect.*Amidella* (J.-E. Gilbert) Konrad & Maubl. 分种检索表

1. 菌盖边缘有沟纹；菌盖上的菌幕残余不为粉末状；菌柄基部不膨大；短菌褶近菌柄端多平截；担孢子9 ~ 13.5 × 6 ~ 7μm……2

1. 菌盖边缘无沟纹或老时有不明显沟纹；菌盖上的菌幕残余分为两层，外层膜质，内层粉末状；菌柄基部膨大；短菌褶近菌柄端多渐窄；担孢子7 ~ 9.5 × 5 ~ 6.5μm……拟卵盖鹅膏**A. neoovoidea**

2. 菌盖边缘沟纹较短（0.1 ~ 0.15*R*）；菌褶较密；担孢子较宽、较长，10 ~ 13.5 × 6 ~ 7μm，*Q*=1.54 ~ 2.08……………………………………………………………………………………显鳞鹅膏**A. clarisquamosa**

2. 菌盖边缘沟纹较长（0.15 ~ 0.25*R*）；菌褶较稀；担孢子较短、较窄，9 ~ 11 × 5.5 ~ 6.5μm，*Q*=1.43 ~ 1.87………………………………………………………………………雀斑鳞鹅膏**A. avellaneosquamosa**

鳞鹅膏组 sect.*Lepidella* 分种检索表

灰盖鹅膏（*A. griseoturcosa*）、隐花青鹅膏（*A. manginiana*）、肉托鹅膏（*A. modesta*）、欧氏鹅膏（*A. oberwinklerana*）和假褐云斑鹅膏（*A. pseudoporphyria*）的形态特征与檐托鹅膏组（sect. *Phalloideae*）的物种很相似，但分子系统发育研究结果显示，它们应该属于鳞鹅膏组（sect. *Lepidella*）的成员（Zhang et al.，2010；Cai et al.，2014），故在此将它们列入本组的分种检索表中。

1. 菌幕易破碎而成为絮状、瘤状、锥状、糠麸状或破布状，残留于菌盖表面和菌柄基部……………2

1. 菌幕不易破碎，膜质，浅杯状，有游离托檐，多宿存于菌柄基部，偶有少量残留于菌盖表面····33

2. 菌褶白色、米色或黄色；担子体干燥时无番茄味…………………………………………………… 3

2. 菌褶饼干色、灰褐色至淡肉色；担子体干燥时常具番茄味…………………………淡肉褶鹅膏**A. sp. 13**

3. 担子体伤变色（变为黄色、粉红色、褐色、深褐色至近黑色）………………………………… 4

3. 担子体伤不变色………………………………………………………………………………………… 9

4. 担子体伤变粉红色、褐色、深褐色至近黑色黄色……………………………………………………5

4. 担子体伤变黄色…………………………………………………………………………………………7

5. 担子体伤变为粉红色至褐色；担孢子近球形、宽椭圆形至椭圆形，宽5.5 ~ 6.5μm；锁状联合常见………6

5. 担子体伤变为褐色、深褐色至近黑色；担孢子球形至近球形，宽 8 ~ 10.5μm；锁状联合阙如……………………………………………………………………………………………………刻鳞鹅膏**A. sculpta**

6. 菌柄基部菌幕残余几乎缺乏；担孢子6 ~ 7.5 × 5.5 ~ 6.5μm …………………赤脚鹅膏**A. gymnopus**

6. 菌柄基部菌幕残余颗粒状；担孢子8.5 ~ 10 × 5.5 ~ 6.5μm ……………………屑鳞鹅膏*A.* cf. ***gymnopus***

7. 担子体中等至很大；锁状联合常见……………………………………………………………………………………………… 8

7. 担子体小型至中等；锁状联合阙如…………………………………………………………变黄鹅膏***A. alboflavescens***

8. 担子体很大（菌盖直径15 ~ 24cm）；盖表菌幕残余污褐色至橘黄褐色；菌柄被淡黄色至淡褐色蛇皮纹状鳞片…………………………………………………………………………………………大鹅膏***A. macrocarpa***

8. 担子体中等至大型（菌盖直径8 ~ 12cm）；盖表菌幕残余红褐色；菌柄被红褐色粉末状至颗粒状鳞片……………………………………………………………………………………假黄乳鹅膏*A.* cf. ***xanthogala***

9. 菌盖及其表面的菌幕残余白色至污白色，有时带有粉红色或红褐色调…………………………………… 10

9. 菌盖或其表面的菌幕残余淡灰色、灰色、深灰色、淡褐色、豆沙色或淡黄色…………………………… 18

10. 菌盖表面及菌幕残余往往带粉红色至淡肉红色调或全部为红褐色…………………………………………… 11

10. 菌盖表面及菌幕残余白色……………………………………………………………………………………………… 13

11. 锁状联合常见……… 12

11. 锁状联合阙如；担孢子7.5 ~ 10 × 5 ~ 7μm，*Q*=1.45 ~ 1.70 ……………………………球果状鹅膏***A.* sp. 12**

12. 担孢子9 ~ 11 × 7 ~ 8μm；亚热带至温带针阔混交林或阔叶林中地上……………………翘鳞鹅膏***A. eijii***

12. 担孢子7 ~ 9.5 × 5.5 ~ 7μm；热带和南亚热带常绿阔叶林中 ………………………………泛红鹅膏***A. timida***

13. 锁状联合阙如……… 14

13. 锁状联合常见……… 15

14. 担子体较大，菌盖直径5 ~ 10cm；担孢子7.5 ~ 10 × 4.5 ~ 6.5μm，*Q*=1.33 ~ 1.8 ………颜氏鹅膏***A. yenii***

14. 担子体较小，菌盖直径3 ~ 5cm；担孢子6 ~ 8.5 × 5 ~ 6.5μm，*Q*=1.08 ~ 1.33 ……锥鳞小白鹅膏***A.* sp. 14**

15. 菌柄基部腹鼓状、近梭形至萝卜状，有时近球状；担孢子椭圆形、宽椭圆形，*Q*=1.18 ~ 2.02………… 16

15. 菌柄基部球状至近球状；担孢子近球形，*Q*=1.04 ~ 1.15 ……………………圆足鹅膏***A. sphaerobulbosa***

16. 担子体无臭味；菌盖直径7 ~ 15cm；盖表菌幕残余圆锥状至角锥状；菌褶白色至米色………… 17

16. 担子体有臭味；菌盖直径4 ~ 7cm；盖表菌幕残余毡状至碎片状；菌褶淡黄色……异味鹅膏***A. kotohiraensis***

17. 担孢子8 ~ 10 × 6 ~ 7.5μm，*Q*=1.18 ~ 1.5 ……………………………………………锥鳞白鹅膏***A. virgineoides***

17. 担孢子9 ~ 11 × 5 ~ 6.5μm，*Q*=1.54 ~ 2.02 ……………………………………………粗鳞鹅膏***A. castanopsis***

18. 锁状联合阙如……… 19

18. 锁状联合常见……… 26

19. 担子体小型至中型；菌盖直径3 ~ 7（9）cm……………………………………………………………………… 20

19. 担子体中等、大型至很大；菌盖直径5 ~ 15（18）cm……………………………………………………… 22

20. 菌盖表面菌幕残余褐色或灰色，绒状至毡状或粉末状至絮状，由不规则排列的菌丝和膨大细胞构成，膨大细胞多为卵形至近球形 …………………………………………………………………………………… 21

20. 菌盖表面菌幕残余暗灰色至近黑色，毡状至纤毛状，由纵向排列的菌丝和膨大细胞构成，膨大细胞多为长椭圆形至近梭形；担孢子8.5 ~ 11.5 × 6.5 ~ 8μm ······························**臧氏鹅膏*A. zangii***

21. 菌盖表面菌幕残余黄褐色、淡褐色至暗褐色，绒状至毡状，在菌盖中央菌幕残余有时近疣状；担孢子较窄，7.5 ~ 9.5 × 5.5 ~ 6.5μm，*Q*=1.33 ~ 1.58······································**绒毡鹅膏*A. vestita***

21. 菌盖表面菌幕残余淡灰色、灰色至深灰色，粉末状至絮状，有时细疣状；担孢子较宽，9 ~ 11.5 × 7 ~ 9μm，*Q*=1.18 ~ 1.43···**灰绒鹅膏*A. griseofarinosa***

22. 菌盖表面菌幕残余非糠麸状，菌柄基部非杵状···23

22. 菌盖表面菌幕残余糠麸状，菌柄基部杵状；担孢子8.5 ~ 10.5 × 6.5 ~ 7.5μm ···**糠鳞杵柄鹅膏*A.* sp. 17**

23. 担孢子宽椭圆形、椭圆形至长椭圆形，*Q*=1.27 ~ 1.79 ··24

23. 担孢子近球形至宽椭圆形，*Q*=1.06 ~ 1.44 ··25

24. 菌盖表面菌幕残余淡灰色至灰色，顶端近白色；担孢子8 ~ 11 × 5.5 ~ 7μm；多分布于温性针叶林、针阔混交林或阔叶林中 ···**灰疣鹅膏*A. griseoverrucosa***

24. 菌盖表面菌幕残余深灰色至褐灰色，有时灰色至淡灰色；担孢子10 ~ 13 × 6 ~ 8.5μm；分布于温性针叶林、寒温性针叶林或针阔混交林中 ··**大盖灰鳞鹅膏*A. cinereopannosa*** *sensu* M. S. Yuan & P. Q. Sun

25. 菌盖表面被污白色至淡褐色锥状至疣状菌幕残余；菌柄被白色至淡褐色蛇皮纹状细小鳞片；担孢子7.5 ~ 9.5 × 6.5 ~ 8μm···**本乡鹅膏*A. hongoi***

25. 菌盖表面被灰色毡状、壳状至块状菌幕残余；菌柄被灰色絮状至粉末状鳞片；担孢子9 ~ 12.5 × 7.5 ~ 9μm···**灰盖大鹅膏*A. berkeleyi***

26. 担孢子球形、近球形至宽椭圆形，*Q*=1 ~ 1.3 ···27

26. 担孢子椭圆形至长椭圆形，*Q*=1.3 ~ 1.8 ···30

27. 菌柄近圆柱形，基部不膨大或仅稍膨大；通常生草地上，不形成外生菌根关系························28

27. 菌柄近棒状，基部膨大；通常与树木形成外生菌根关系···29

28. 担子体黄褐色，菌盖表面菌幕残余颗粒状至絮状，褐黄色至黄褐色；担孢子6.5 ~ 9 × 6 ~ 8μm ··**黄鳞柱柄鹅膏*A. flavofloccosa***

28. 担子体污白色，菌盖表面菌幕残余龟裂至破布状，淡灰色至淡褐色；担孢子8 ~ 9 × 6.5 ~ 7.5μm···**臭味鹅膏*A.*** cf. ***praegraveolens***

29. 菌盖表面菌幕残余絮状、粉末状至疣状；菌柄密被粉末状至絮状的灰色鳞片；担孢子球形至近球形，8.5 ~ 10.5 × 8.5 ~ 10μm，*Q*=1.0 ~ 1.06······························**具锁灰绒鹅膏*A.*** cf. ***griseofarinosa***

29. 菌盖表面菌幕残余锥状至疣状；菌柄近光滑或被稀疏的近白色至淡灰色鳞片；担孢子宽椭圆形至近球形，9 ~ 11 × 7.5 ~ 9.5μm，*Q*=1.11 ~ 1.29··································**锥鳞灰鹅膏*A.* sp. 15**

30. 担孢子较大，8.5 ~ 12 × 5.5 ~ 7.5μm；菌褶白色至米色或淡黄色至柠檬黄色 ·······················31

30. 担孢子较小，7 ~ 9 × 5 ~ 6μm；菌褶或多或少带绿色调 ·······························**疣鳞绿褶鹅膏*A.* sp. 16**

31. 菌褶白色至米色；菌盖表面菌幕残余为灰色、褐灰色至褐色（不带紫色调），其中含有大量球形、近球形的膨大细胞……32

31. 菌褶淡黄色至柠檬黄色；菌盖表面菌幕残余豆沙色（带紫色调），其中含有大量梭形至椭圆形的膨大细胞……**黄褶鹅膏*A.* sp. 11**

32. 担子体较大，菌盖直径5.5～13.5cm；菌盖表面菌幕残余高1～6mm；菌柄基部球状体直径1.7～4cm；早春出菇……**黑石顶鹅膏*A. heishidingensis***

32. 担子体较小，菌盖直径5～9cm；菌盖表面菌幕残余高1～2mm；菌柄基部球状体直径1～2cm；夏秋出菇……**日本鹅膏*A. japonica***

33. 菌盖灰色、灰褐色；菌幕残余牢固，多残留于菌柄基部，主要由菌丝组成……34

33. 菌盖白色；菌幕残余易破，常残留于菌盖上，含有丰富的膨大细胞；担孢子宽椭圆形至椭圆形，8～10.5×6～8μm，*Q*=1.26～1.54……**欧氏鹅膏*A. oberwinklerana***

34. 担孢子*Q*=1.21～1.6……35

34. 担孢子*Q*=1.05～1.36……36

35. 担孢子7～9×5～6.5μm……**假褐云斑鹅膏*A. pseudoporphyria***

35. 担孢子8.5～11×6.5～8μm……**灰盖鹅膏*A. griseoturcosa***

36. 菌柄基部菌幕残余（托檐）较薄、膜质，主要由菌丝组成，其间夹杂有个别膨大细胞；分布于亚热带针阔混交林中地上……**隐花青鹅膏*A. manginiana sensu*** W.F. Chiu

36. 菌柄基部菌幕残余（托檐）较厚、肉质，由菌丝及大量膨大细胞组成；分布于南亚热带至热带阔叶林中地上……**肉托鹅膏*A. modesta***

檐托鹅膏组 sect. *Phalloideae* (Fr.) Quél. 分种（变种）检索表

灰盖鹅膏（*A. griseoturcosa*）、隐花青鹅膏（*A. manginiana*）、肉托鹅膏（*A. modesta*）、欧氏鹅膏（*A. oberwinklerana*）和假褐云斑鹅膏（*A. pseudoporphyria*）形态特征与檐托鹅膏组（sect. *Phalloideae*）的物种很相似，虽然分子系统发育研究结果显示，它们应该属于鳞鹅膏组（sect. *Lepidella*）的成员（Zhang et al.，2010；Cai et al.，2014），但为便于查找，在此将它们也列入本组检索表中。

1. 担子具2小梗……2

1. 担子具4小梗……4

2. 菌盖多为白色，菌盖中央偶带米黄色至淡褐色；菌褶白色至米色……3

2. 菌盖灰色至灰褐色，菌盖中央暗灰褐色；菌褶带粉红色调……**隐丝粉褶鹅膏*A.* sp. 18**

3. 菌盖较大，直径4～8cm；担孢子较大，9.5～12×9～11.5μm……**致命鹅膏*A. exitialis***

3. 菌盖较小，直径约3cm；担孢子较小，7.5～9.5×7～9μm……**致命小鹅膏*A.* cf. *exitialis***

4. 担子体各部位白色……5

4. 担子体至少某个部位不为白色………………………………………………………………………………9
5. 担孢子球形至近球形；新鲜担子体遇KOH快速变黄色 ………………………………………………6
5. 担孢子椭圆形至宽椭圆形；新鲜担子体遇KOH不变黄色 ……………………**欧氏鹅膏*A. oberwinklerana***
6. 担孢子较小，平均直径不超过9μm ………………………………………………………………………7
6. 担孢子较大，9 ~ 11 × 8.5 ~ 10.5μm；菌盖幼时钝锥状，成熟后直径5 ~ 10cm；菌柄被白色鳞片，8 ~ 16 × 0.5 ~ 2cm；担孢子较大，9 ~ 11 × 8.5 ~ 10.5μm ………………………**鳞柄白鹅膏*A. virosa***
7. 担子体较小；菌盖直径3 ~ 6cm，幼时近半球形，成熟后中央往往不凸起；菌柄直径0.5 ~ 1.5cm ……… 8
7. 担子体较大；菌盖直径5 ~ 10cm，幼时钝锥状，成熟后中央往往凸起；菌柄直径0.5 ~ 2cm…………………………………………………………………………………………**淡红鹅膏*A. pallidorosea***
8. 菌盖菌肉较薄，菌盖表皮具有较多膨大细胞，菌环近顶生（距菌柄顶端0.5 ~ 1cm）……………………………………………………………………………………………………**裂皮鹅膏*A. rimosa***
8. 菌盖菌肉较厚，菌盖表皮无膨大细胞，菌环距菌柄顶端1 ~ 2cm…………………………………………………………………………………**黄盖鹅膏白色变种*A. subjunquillea* var. *alba***
9. 菌盖特别是中央淡红色………………………………………………………………………………10
9. 菌盖非红色………………………………………………………………………………………………11
10. 担子35 ~ 50 × 11 ~ 13μm；担孢子8 ~ 10 × 7.5 ~ 9μm ……………………**假淡红鹅膏*A. subpallidorosea***
10. 担子30 ~ 45 × 9 ~ 11μm；担孢子6 ~ 8 × 6 ~ 7.5μm ……………………………**淡红鹅膏*A. pallidorosea***
11. 菌盖灰色、灰褐色、煤色至近黑色；菌柄具灰色、灰褐色或白色鳞片……………………………12
11. 菌盖淡黄色、黄色至褐黄色；菌柄具淡黄色鳞片；担孢子 6.5 ~ 9.5 × 6 ~ 8μm ……………………………………………………………………**黄盖鹅膏原变种*A. subjunquillea* var. *subjunquillea***
12. 担孢子球形至近球形……………………………………………………………………………………13
12. 担孢子椭圆形、宽椭圆形至近球形……………………………………………………………………14
13. 菌盖直径3 ~ 6cm；菌柄长6 ~ 10cm，基部球状………………………………**灰花纹鹅膏*A. fuliginea***
13. 菌盖直径7 ~ 12cm；菌柄长10 ~ 14cm，基部萝卜状至棒状…………**拟灰花纹鹅膏*A. fuligineoides***
14. 菌柄基部菌幕残余（托檐）中膨大细胞丰富…………………………………………………………15
14. 菌柄基部菌幕残余（托檐）中膨大细胞较少…………………………………………………………16
15. 菌柄基部菌幕残余（托檐）厚达1.5mm，近肉质；担孢子Q=1.10 ~ 1.36；分布于热带及南亚热带阔叶林中 ……………………………………………………………………………**肉托鹅膏*A. modesta***
15. 菌柄基部菌幕残余（托檐）厚达1mm，纸质；担孢子Q=1.21 ~ 1.58；分布于亚热带针叶林及针阔混交林中 …………………………………………………………………**假褐云斑鹅膏*A. pseudoporphyria***
16. 担孢子6 ~ 8 × 5 ~ 7μm，近球形至宽椭圆形（Q=1.07 ~ 1.30）…………………………………………………………………………………**隐花青鹅膏*A. manginiana sensu* W. F. Chiu**
16. 担孢子8.5 ~ 11 × 6.5 ~ 8μm，宽椭圆形至椭圆形（Q=1.27 ~ 1.54）……**灰盖鹅膏*A. griseoturcosa***

碎托鹅膏组 sect. *Validae* (Fr.) Quél. 分种（变种）检索表

1. 菌柄基部杵状至浅杯状；菌柄基部几乎没有菌幕残余或仅具一个不完整的领口状结构；担孢子球形至近球形 ······ 2
1. 柄基部多为球形、近球形至梭形，非杵状；菌柄基部菌幕残余常呈环带状排成数圈；担孢子近球形至椭圆形，较窄（宽达 7.5μm）······ 5
2. 菌盖平展，中央不凸起或凸起不明显；菌盖表面或多或少有菌幕残余 ······ 3
2. 菌盖中央凸起；菌盖表面多光滑，偶具菌幕残余 ······ **凸顶污托鹅膏*A.* sp. 19**
3. 菌盖灰色、灰黄色、淡褐色至茶褐色，具纤丝状辐射隐生花纹；菌盖表面的菌幕残余毡状、疣状至絮状，灰色至淡褐色 ······ 4
3. 菌盖黄色至淡黄色，无纤丝状辐射隐生花纹；菌盖表面的菌幕残余粉末状、毡状至破布状，米色、淡黄色至黄色；担孢子7 ~ 8.5 × 6.5 ~ 8μm ······ **橙黄鹅膏*A. citrina***
4. 菌盖灰色、深灰色至茶褐色；担孢子较大，7 ~ 9 × 6.5 ~ 9μm ······ **灰盖杵柄鹅膏*A. citrina* var. *grisea***
4. 菌盖至少边缘淡黄色至黄色；担孢子较小，6 ~ 7.5 × 5.5 ~ 7μm ······ **杵柄鹅膏*A. sinocitrina***
5. 菌盖表面菌幕残余淡黄色至黄色 ······ 6
5. 菌盖表面菌幕残余非黄色 ······ 7
6. 菌盖灰色、淡灰色至褐灰色；菌柄白色至污白色；菌环白色至污白色 ······ **黄鳞灰盖鹅膏*A.* sp. 22**
6. 菌盖淡黄色、黄色至黄褐色；菌柄白色、淡黄色至黄色；菌环黄色 ······ **黄柄鹅膏*A. flavipes***
7. 菌肉白色，伤后变为红褐色或淡褐色 ······ 8
7. 菌肉白色，受伤后不变色 ······ 10
8. 菌幕残余污白色、淡灰色、深灰色、灰褐色至近黑色 ······ 9
8. 菌幕残余上部淡橄榄黄色，下部深橄榄褐色至褐灰色；担孢子近球形，6.5 ~ 8 × 6 ~ 7.5μm ······ **褐盖变红鹅膏*A.* sp. 20**
9. 菌幕残余污白色、淡灰色至灰褐色；菌环白色至污白色；担孢子宽椭圆形至椭圆形，7 ~ 9 × 5.5 ~ 7.5μm ······ **红褐鹅膏*A. orsonii***
9. 菌幕残余近黑色、深灰色至褐灰色；菌环淡黄色；担孢子近球形至宽椭圆形，7.5 ~ 9.5 × 6.5 ~ 8μm ······ **灰盖黄环鹅膏*A.* sp. 21**
10. 菌盖上的菌幕残余近黑色、鼻烟色、深灰色、灰色，有时淡灰色 ······ 11
10. 菌盖上的菌幕残余污白色，仅基部淡灰色至淡褐色；菌环白色至污白色；担孢子宽椭圆形至椭圆形，7.5 ~ 9.5 × 6 ~ 7μm ······ **暗盖淡鳞鹅膏*A. sepiacea***
11. 菌盖上的菌幕残余多为锥状至疣状，近黑色、鼻烟色、深灰色至灰色；菌环灰色至淡灰色；菌柄被灰色、淡褐色至褐色常呈蛇皮纹状的鳞片；主要分布于亚热带地区 ······ **格纹鹅膏*A. fritillaria***
11. 菌盖上的菌幕残余多为块状、破布状至疣状，灰色至淡灰色；菌环白色、污白色至淡灰色；菌柄被污白色、淡灰色至淡褐色细小鳞片；主要分布于温带地区 ······ **块鳞灰鹅膏*A. spissa***

第四节
鹅膏属物种

鹅膏 **Amanita muscaria** (L.: Fr.) Lam. 别名：毒蝇鹅膏 蛤蟆菌

菌盖直径5 ~ 15cm，扁平至平展；菌盖表面鲜红色至橘红色，有时带黄色，被菌幕残余；菌幕残余锥状、角锥状、疣状、颗粒状至毡状，白色至污白色，有时淡黄色，常易脱落；菌盖边缘有短浅而不明显的沟纹（达0.2*R*）。菌褶离生，白色；短菌褶近菌柄端多平截。菌柄长7 ~ 18cm，直径0.5 ~ 2.5cm，近圆柱形，白色，常有白色纤丝状鳞片；菌环着生于菌柄的中上部，膜质，白色，宿存；菌柄基部膨大呈腹鼓状、卵状至近球形，直

有毒

径1 ~ 4cm，上半部被有白色至淡黄色疣状至颗粒状菌幕残余，这些残余有时呈不完整的同心环状排列。

担子40 ~ 60×12 ~ 15μm，棒状，具4小梗。担孢子9 ~ 11.5×7 ~ 8.5μm [**Q**=1.24 ~ 1.47, **Q**=1.34±0.08]，椭圆形至宽椭圆形，非淀粉质。菌盖上的菌幕残余由近纵向排列的菌丝和膨大细胞构成。菌柄基部的菌幕残余结构与菌盖表面的相似，但菌丝和膨大细胞排列不规则。菌环主要由近辐射状排列的菌丝构成。锁状联合常见。

生境　夏秋季生于壳斗科、松科植物组成的阔叶林、针阔混交林或针叶林中地上。

分布　北非、北美、欧洲和亚洲；在我国，本种主要分布于东北、华北和西北等省区（黑龙江、吉林、辽宁、内蒙古和新疆）。世界上其他地区出现的居群可能是随寄主树苗引入的。

经济价值　有毒，担子体内含有毒蕈碱等毒素，对苍蝇等昆虫毒杀力很强，可用于农林业生产及生物防治等工作；树木外生菌根菌。

与相似种的区别　本种易与美黄鹅膏（*A. mira* Corner & Bas）、红托鹅膏（*A. rubrovolvata* S. Imai）和黄鳞鹅膏（*A. subfrostiana* Zhu L. Yang）相混淆，所不同的是：美黄鹅膏的担子体较小，菌幕残余多为黄色，菌环阙如，担孢子较小、球形至近球形，锁状联合阙如；红托鹅膏的担子体小型，菌盖及菌柄基部被有粉末状菌幕残余，担孢子较小、球形至近球形，锁状联合阙如；黄鳞鹅膏菌盖边缘有长沟纹，菌盖表面被黄色粉末状、絮状至棉绒状菌幕残余，担孢子球形至近球形。

黄鳞鹅膏 **Amanita subfrostiana** Zhu L. Yang

菌盖直径4~7cm，扁平至平展；菌盖表面红色、橘红色至淡橘红色，边缘橘黄色至黄色，被菌幕残余；菌幕残余黄色、淡黄色或橘红色，粉末状、絮状至毡状，常易脱落；菌盖边缘有长沟纹（0.3~0.5*R*）。菌褶离生至近离生，白色至米色；短菌褶近菌柄端多平截。菌柄长6~10cm，直径1~1.5cm，近圆柱形，菌环之上米色，菌环之下米色至淡黄色；菌环着生于菌柄上部，膜质，上表面近白色，下表面淡黄色；菌柄基部膨大呈球状至卵状，直径1~3cm，上部被有淡黄色、粉末状至絮状菌幕残余，常呈领口状。

担子38~55×10.5~12μm，棒状，多具4小梗，有时具2小梗。担孢子8.5~10.5×8~10μm [*Q*=1.0~1.13, ***Q***=1.06±0.04]，球形至近球形，非淀粉质。菌盖上的菌幕残余由不规则、稀疏排列的菌丝和膨大细胞组成。菌柄基部的菌幕残余由菌丝和膨大细胞组成。菌环主要由近辐射状排列的菌丝构成，其间夹杂有零星至较多的膨大细胞。锁状联合常见。

生境 夏秋季于针叶林或针阔混交林中

地上单生或群生。

分布 尼泊尔和中国（四川、云南和西藏等省区）。

经济价值 可能有毒；树木外生菌根菌。

与相似种的区别 本种与产于北美的*A. frostiana* (Peck) Sacc.具有密切的亲缘关系，但后者菌盖淡橘红色至橘黄色，菌盖边缘沟纹较短，菌幕残余色较淡，且菌盖上的菌幕残余多由纵向排列的菌丝和膨大细胞组成。在我国，黄鳞鹅膏常被误定为鹅膏[*A. muscaria* (L.: Fr.) Lam.]或鹅膏美丽变种（*A. muscaria* var. *formosa* Pers.）。与黄鳞鹅膏不同的是：鹅膏及其变种的菌盖较大，菌盖边缘沟纹短而浅，菌盖上和菌柄基部球状体上的菌幕残余多为疣状，担孢子宽椭圆形至椭圆形，菌盖表面的菌幕残余由紧密纵向排列的菌丝和膨大细胞构成。黄鳞鹅膏还易与红托鹅膏（*A. rubrovolvata* S. Imai）相混淆，但后者担子体较小，担孢子较小，锁状联合阙如。

环鳞鹅膏 **Amanita concentrica** T. Oda et al.

菌盖直径7～13cm，扁半球形至平展；菌盖表面白色至污白色，被菌幕残余；菌幕残余圆锥状、角锥状至颗粒状，白色至污白色，高和宽1～3mm，至菌盖边缘渐变小；菌盖边缘有辐射状沟纹（0.2～0.3*R*）。菌褶白色至米色；短菌褶近菌柄端多平截。菌柄长7～17cm，直径0.8～1.7cm，白色，被白色絮状至粉末状鳞片；菌环膜质，白色，宿存或破碎消失；菌柄基部膨大呈卵状至近球形，白色，直径2～3cm，在其上半部被有白色锥状、疣状至颗粒状菌幕残余，它们呈同心环状排列。

担子40～55×9～11μm，多具4小梗。担孢子7.5～9.5（12.5）×（6.5）7～8（10）μm [*Q*=（1）1.07～1.25（1.36），***Q***=1.15±0.07]，近球形至宽椭圆形，非淀粉质。菌盖上的菌幕残余由或多或少近纵向排列的菌丝和膨大细胞构成。锁状联合常见。

生境 夏秋季生于阔叶林或针阔混交林中地上。它可能与松属（*Pinus*）和壳斗科植物形成外生菌根。

分布 日本和中国（云南）。

经济价值 可能有毒；树木外生菌根菌。

与相似种的区别 本种酷似粗鳞鹅膏（*A. castanopsis* Hongo）、翘鳞鹅膏（*A. eijii* Zhu L. Yang）、本乡鹅膏（*A. hongo* Bas）、锥鳞白鹅膏（*A. virgineoides* Bas）、颜氏鹅膏（*A. yenii* Zhu L. Yang & C.M. Chen）等，但这些物种的菌盖边缘一般无辐射状沟纹，短菌褶近菌柄端渐窄，担孢子淀粉质。

红托鹅膏 **Amanita rubrovolvata** S. Imai

菌盖2～6.5cm，扁半球形至平展；菌盖表面近中部红色至橘红色，至边缘逐渐变为橘色至黄色，被菌幕残余；菌幕残余粉末状至颗粒状，红色、橘红色至黄色；菌盖边缘有辐射状沟纹（0.2～0.4*R*）。菌褶离生，白色；短菌褶近菌柄端多平截。菌柄长5～10cm，直径0.5～1cm，菌环之上米色，菌环之下米色至带黄色调；菌环着生于菌柄中上部，薄膜质，上表面白色，下表面带黄色调，边缘常红色至橙色，宿存；菌柄基部膨大至近球形，直径1～2cm，上半部被红色、橘红色至橙色粉末状菌幕残余。

担子35～48×9～11（13）μm，棒状，具4小梗。担孢子7.5～9×7～8.5μm [Q=1.0～1.10，$\mathbf{Q}$=1.06±0.04]，球形至近球形，非淀粉质。菌盖上的菌幕残余由近纵向至不规则、稀疏排列的菌丝和膨大细胞构成。菌柄基部的菌幕残余结构与菌盖上的相似，但菌丝和膨大细胞排列不规则，菌丝更多。菌环由大量近球形至卵形或短椭圆形的膨大细胞构成，其间夹杂有排列疏松的菌丝。锁状联合阙如。

生境　生于针叶林或由松属（*Pinus*）和壳斗科植物组成的针阔混交林中地上，也见于亚热带常绿阔叶林中地上。

分布　韩国、尼泊尔、日本和中国（浙江、湖北、台湾、四川、云南和西藏等省区）及东南亚的广大地区。

经济价值　可能有毒；树木外生菌根菌。

与相似种的区别　本种酷似黄鳞鹅膏（*A. subfrostiana* Zhu L. Yang），但后者担子体较大，担孢子较大，锁状联合常见。本种

有时可能会与鹅膏[*A. muscaria* (L.: Fr.) Lam.]相混淆，但后者担子体较大，菌柄白色，担孢子椭圆形至宽椭圆形且较大，锁状联合常见。

美黄鹅膏 **Amanita mira** Corner & Bas

菌盖直径4 ~ 8cm，扁平至平展；菌盖表面中部淡褐色至淡黄色，老时色更深，向边缘渐变为橘红色、黄色至淡黄色，被菌幕残余；菌幕残余角锥状至颗粒状，米色、淡黄色至黄色，常易脱落；菌盖边缘有长沟纹（0.3 ~ 0.5*R*）。菌褶离生至近离生，白色；短菌褶近菌柄端多平截。菌柄长5 ~ 8cm，直径0.8 ~ 1.2cm，米色至白色；菌环阙如；菌

柄基部膨大呈腹鼓状至卵状，直径1～2cm，上半部被有黄色至淡黄色的疣状、絮状至粉末状菌幕残余，这些残余有时呈不完整同心环状排列。

担子30～45×8～12μm，棒状，具4小梗。担孢子6～8×6～7.5μm [Q=1～1.15, $\boldsymbol{Q}$=1.07]，球形至近球形，非淀粉质。菌盖上的菌幕残余由近纵向排列的菌丝和膨大细胞构成，膨大细胞十分丰富。菌柄基部的菌幕残余主要由不规则排列至近规则排列的菌丝组成。锁状联合阙如。

生境 夏秋季见于热带、南亚热带常绿阔叶林[特别是栲（*Castanopsis*）和石栎（*Lithocarpus*）]中地上，多群生。

分布 新加坡和中国（云南南部）。

经济价值 有毒；树木外生菌根菌。

与相似种的区别 本种易与鹅膏[*A. muscaria* (L.: Fr.) Lam.]相混淆，但后者担子体较大，菌幕残余多为白色，菌柄上有菌环，担孢子较大且椭圆形至宽椭圆形，锁状联合常见。本种可能与残托鹅膏（*A. sychnopyramis* Corner & Bas）和小豹斑鹅膏（*A. parvipantherina* Zhu L. Yang et al.）具有较近的亲缘关系。它们的区别在于：残托鹅膏的菌盖淡褐色、灰褐色至深褐色，菌幕残余白色、米色至淡灰色；小豹斑鹅膏的菌盖淡黄色至黄褐色，有菌环，担孢子宽椭圆形至椭圆形且明显较大。

土红鹅膏 **Amanita rufoferruginea** Hongo

菌盖直径4～7cm，扁平至平展；菌盖表面黄褐色，被菌幕残余；菌幕残余粉末状，有时小疣状至絮状，土红色、橘红褐色至皮革褐色，老后渐脱落；菌盖边缘有沟纹（0.2～0.4R）。菌褶离生至近离生，白色；短菌褶近菌柄端多平截。菌柄长7～10cm，直径0.5～1cm，密被土红色、锈红色粉末状鳞片；菌环上位至近顶生，膜质，易破碎而脱落，上表面白色，下表面土红色、橘红褐色至皮革褐色；菌柄基部膨大呈腹鼓状至卵形，直径1.5～2cm，上半部被土红色至褐色疣状、絮状至粉末状菌幕残余，有时排列呈环带状。

担子30～48×10～14μm，棒状，多具4小梗。担孢子7～9×6.5～8.5μm [Q=1.04～1.16, $\boldsymbol{Q}$=1.09±0.04]，近球形，有时球形，非淀粉

质。菌盖上的菌幕残余由近纵向至不规则、疏松排列的膨大细胞和菌丝构成。锁状联合阙如。

生境 夏秋季在松属（*Pinus*）等组成的针叶林或壳斗科等树木组成的阔叶林中地上单生或群生，有时生上述树木组成的混交林中。

分布 韩国、日本和中国（湖南、台湾、广东、广西和贵州等省区）。

经济价值 可能有毒；树木外生菌根菌。

与相似种的区别 本种易与泰国鹅膏（*A. siamensis* Sanmee et al.）相混淆，但后者菌盖上的菌幕残余或多或少带有橄榄色调，担孢子宽椭圆形至椭圆形。

泰国鹅膏 **Amanita siamensis** Sanmee et al.

菌盖直径5～7cm，扁平至平展；菌盖表面污白色，中央淡黄褐色，被菌幕残余；菌幕残余粉末状至细疣状，黄褐色至锈褐色并带橄榄色调，老后渐脱落；菌盖边缘有沟纹（0.2～0.4*R*）。菌褶离生至近离生，白色；短菌褶近菌柄端多平截。菌柄长7～10cm，直径0.7～1cm，密被黄褐色至锈褐色粉末状鳞片；菌环上位至近顶生，膜质，上表面白色至灰白色，下表面黄褐色，易破碎而脱落；菌柄基部膨大呈腹鼓状至椭圆形，直径1～1.5cm，上半部被黄褐色至锈褐色疣状至粉末状菌幕残余。

担子35～40×10～14μm，棒状，多具4小梗。担孢子8.5～11×（6.5）7～8.5μm [*Q*=1.19～1.40（1.47），***Q***=1.30±0.07]，宽椭圆形至椭圆形，非淀粉质。菌盖上的菌幕残余由近纵向至不规则、疏松排列的膨大细胞和菌丝构成。锁状联合阙如。

生境　夏秋季生于松属（*Pinus*）和壳斗科等树木组成的针阔混交林中地上。

分布　泰国和中国（云南）。

经济价值　可能有毒；树木外生菌根菌。

与相似种的区别　本种酷似土红鹅膏(*A. rufoferruginea* Hongo)，但后者菌盖上的菌幕残余土红色、橘红褐色至皮革褐色的粉末状菌幕残余，担孢子球形至近球形。

东方黄盖鹅膏 **Amanita orientigemmata** Zhu L. Yang & Yoshim. Doi

菌盖直径4～10cm，扁平至平展；菌盖表面幼时黄褐色，成熟时黄色至淡黄色，中部有时色稍深，被菌幕残余；菌幕残余毡状、破布状至碎片状，有时近锥状，白色至污白色，常易脱落；菌盖边缘有短沟纹（0.1～0.3*R*）。菌褶离生至近离生，白色至米色；短菌褶近菌柄端多平截。菌柄长6～12cm，直径0.5～1cm，米色至白色，有纤丝状鳞片；菌环膜质，白色，易脱落；菌柄基部球状体直径1～2cm，上部被有白色至淡黄色破布状、碎片状至疣状菌幕残余，有时菌幕残余相互连接形成卷边状。

担子38～60×10～14μm，棒状，具4小梗。担孢子8～10×6～7.5μm [*Q*=1.13～1.51，***Q***=1.30±0.14]，宽椭圆形至椭圆形，非淀粉质。菌盖表面的菌幕残余由近纵向排列的菌丝和膨大细胞组成。菌柄基部的菌幕残余结构与菌盖表面的相似，但菌丝和膨大细胞排列不规则。锁状联合普遍存在于担子体各部位，但在菌褶菌髓和担子基部较常见，而在其他部位较少。

生境 夏秋季生于针叶林、针阔混交林或阔叶林中地上。

分布 日本和中国（吉林、福建、海南和陕西等省）。

经济价值 有毒；树木外生菌根菌。

与相似种的区别 本种酷似原描述于欧洲的*A. gemmata* (Fr.) Bertill.，但后者菌盖表面的菌幕残余由不规则至近辐射状排列的菌丝和膨大细胞组成，担孢子较大、较宽，锁状联合阙如。

假黄盖鹅膏 **Amanita pseudogemmata** Hongo

菌盖直径4～9cm，扁平至平展；菌盖表面污黄色至淡黄褐色，至边缘色变淡，被菌幕残余；菌幕残余疣状至粉末状，有时毡状，褐黄色至橄榄褐色，偶在上述菌幕残余上表面被有白色膜状物；菌盖边缘有沟纹（0.2～0.4*R*）。菌褶离生，米色，较密；短菌褶近菌柄端多平截。菌柄长6～10cm，直径0.5～1.5cm，米色至白色，被黄色至褐黄色鳞片；菌环上位，膜质，上表面白色至淡黄色，下表面淡黄色，宿存；菌柄基部膨大呈杵状至浅杯状，直径1.5～4cm，上部边缘常有白色至淡黄色的领口状菌幕残余。

担子30～50×10～14μm，棒状，具4小梗。担孢子7～9.5×6～8.5μm [Q=1.06～1.27, $\mathbf{Q}$=1.1±0.06]，近球形至宽椭圆形，非淀粉

质，有时弱淀粉质。菌盖表面菌幕残余由或多或少纵向排列的菌丝和膨大细胞组成。在菌柄基部的球状体上部，领口状菌幕残余主要由纵向排列的菌丝组成。菌环主要由近辐射状、稀疏排列的菌丝构成，其间夹杂有少数膨大细胞。锁状联合阙如。

生境　夏秋季生于阔叶林中地上。

分布　日本和中国（河南、湖北、广东和云南等省）。

经济价值　可能有毒；树木外生菌根菌。

与相似种的区别　本种外形酷似橙黄鹅膏[*A. citrina* (Schaeff.) Pers.]，但后者的菌盖边缘无辐射状沟纹，盖表菌幕残余颜色较淡，担孢子淀粉质。本种与产于欧洲的 *A. gemmata* (Fr.) Bertill.也有相似之处，但后者菌盖表面的菌幕残余白色，膜状，由不规则至近辐射状排列排列的菌丝和膨大细胞组成，菌柄基部不呈杵状，担孢子较长。

长柄鹅膏　**Amanita altipes** Zhu L. Yang et al.

菌盖直径4～9cm，扁平至平展；菌盖表面淡黄色至黄色，稀橘黄色，中央常有淡褐色调，被菌幕残余；菌幕残余毡状至絮状，淡黄色、黄色至污黄色（环境干燥时呈污白色）；菌盖边缘有沟纹（0.1～0.4*R*）；菌肉白色。菌褶白色至淡黄色，离生；短菌褶近菌柄端多平截；褶缘淡黄色至黄色。菌柄长9～16cm，直径0.5～1.8cm，近圆柱形，淡黄色至近白色，菌环之上被黄色、淡黄色细小鳞片，菌环之下被淡黄色至白色细小鳞片，中空；菌环上位至近顶生，膜质，上表面米色至淡黄色，下表面淡黄色，边缘黄色；菌柄基部膨大呈近球状至卵状，直径0.8～3.2cm，白色，其上半部被有的菌幕残余黄色至淡黄色，破布状至疣状，有时形成卷边状。

担子40～60×10～16μm，棒状，具4小梗，稀具2小梗；小梗长3～6（8）μm。担孢子8～10×7.5～9.5μm [*Q*=1～1.14（1.2），**_Q_**=1.07±0.04]，球形至近球形，非淀粉质，光

滑，薄壁。菌盖上的菌幕残余由或多或少辐射状至不规则排列的菌丝和膨大细胞组成。菌环由近辐射状、疏松排列的菌丝和膨大细胞组成。锁状联合阙如。

生境 夏秋季生于亚高山针叶林及针阔混交林中地上。

分布 中国（湖北、四川、云南、西藏和甘肃等省区）。

经济价值 可能有毒；树木外生菌根菌。

与相似种的区别 本种易与东方黄盖鹅膏（*A. orientigemmata* Zhu L. Yang & Yoshim. Doi）、小豹斑鹅膏（*A. parvipantherina* Zhu L. Yang et al.）及欧洲的*A. gemmata* (Fr.) Bertill.相混淆。但是，东方黄盖鹅膏的菌柄较短，菌环易撕破而消失，担孢子较窄，菌盖上的菌幕残余由或多或少纵向排列的菌丝和膨大细胞组成，锁状联合常见；小豹斑鹅膏的菌盖表面被污白色至淡灰色疣状至锥状菌幕残余，菌褶多为白色，担孢子较窄，菌盖上的菌幕残余由或多或少纵向排列的菌丝和膨大细胞组成；*A. gemmata*的菌柄较短，菌盖上的菌幕残余白色，其中的膨大细胞较少，担孢子较长、较窄。

小豹斑鹅膏 **Amanita parvipantherina** Zhu. L. Yang et al.

菌盖直径3～6cm，扁平至平展；菌盖表面淡灰色、淡褐色至淡黄褐色，中部带褐色调，至边缘颜色变淡，被菌幕残余；菌幕残余疣状至角锥状，高1～2mm，米色、白色至污白色，有时带灰色调，易脱离；菌盖边缘有沟纹（0.2～0.3*R*）。菌褶离生至近离生，白色至米色；短菌褶近菌柄端多平截。菌柄长4～10cm，直径0.5～1cm，淡黄色、米色至白色；菌环着生于菌柄上部，膜质，较小，白色至米色，宿存；菌柄基部膨大，近球形至卵形，直径1～2cm，白色，上部被有白色、米色至淡黄色或淡灰色菌幕残余。

担子45～58×11～14μm，棒状，具4小梗。担孢子8.5～11.5×7～8.5μm [*Q*=1.13～1.47, ***Q***=1.29±0.11]，宽椭圆形至椭圆形，有的近球形，非淀粉质。菌盖上的菌幕残余在菌盖中央由纵向排列的菌丝和膨大细胞组成，但至菌盖边缘则由不规则排列的菌丝和膨大细胞组成。在菌柄基部，领口状菌幕残余主

要由纵向排列的菌丝组成。菌环主要由近辐射状、稀疏排列的菌丝构成，其间夹杂有较多或局部有大量的棒状膨大细胞。锁状联合阙如。

生境 有时生于由栎（*Quercus*）和石栎（*Lithocarpus*）等树木组成的阔叶林中地上，有时生于由松（*Pinus*）、冷杉（*Abies*）或云杉（*Picea*）等组成的针叶林中地上，或生于由上述树林组成的针阔混交林中地上。

分布 中国（北京、湖南、广西、海南、四川、云南和西藏等省、直辖市、自治区）。

经济价值 可能有毒；树木外生菌根菌。

与相似种的区别 本种酷似原描述于欧洲的豹斑鹅膏[*A. pantherina* (DC.) Krombh.]，但后者的担子体较为粗壮，菌盖边缘的沟纹较短，菌幕残余在菌柄基部领口状的卷边较厚，在菌盖上的菌幕残余中菌丝较多。本种易与残托鹅膏有环变型（*A. sychnopyramis* f. *subannulata* Hongo）相混淆，不同之处在于后者的菌环在菌柄上的着生位置通常较低，担孢子较小，球形至近球形。

黄顶白缘鹅膏 **Amanita sp. 1**

菌盖直径2.8～5cm，扁平至平展；菌盖表面蜜黄色、黄色至淡黄色，至边缘逐渐变淡，被菌幕残余；菌幕残余锥状至疣状，高1～2mm，白色，有时淡黄色，易脱离；菌盖边缘有长沟纹（0.5～0.6*R*）。菌褶离生至近离生，白色至米色；短菌褶近菌柄端多平截。菌柄长4～8cm，直径0.4～0.6cm，白色，被白色细鳞片；菌环着生于菌柄上部，膜质，白色，边缘有米色至淡黄色菌幕残余，宿存；菌柄基部稍膨大，卵形至近球形，直径0.8～1.2cm，白色，上部被有细小的、白色至淡黄色的粉末状至颗粒状菌幕残余。

担子30～45×9～11μm，棒状，具4小梗。担孢子（7）7.5～9（10）×5.5～6.5（7）μm [*Q*=（1.11）1.24～1.46（1.82），***Q***=1.34±0.12]，宽椭圆形至椭圆形，非淀粉质。菌盖表面的菌幕残余由纵向排列的菌丝和膨大细胞组成，膨大细胞十分丰富。锁状联合阙如。

生境　亚热带常绿阔叶林中地上。

分布　中国（湖南和云南）。

经济价值　可能有毒；树木外生菌根菌。

与相似种的区别　本种酷似小豹斑鹅膏（*A. parvipantherina* Zhu L. Yang et al.），但后者菌盖边缘的沟纹较短，菌盖色深并有褐色调，担孢子较大。

假豹斑鹅膏　**Amanita pseudopantherina** Zhu L. Yang, nom prov.

菌盖直径5～10cm，扁平至平展；菌盖表面灰褐色、褐色、黄褐色，中部色较深，被菌幕残余；菌幕残余角锥状至疣状，白色、污白色、米色至淡灰色；菌盖边缘常有短沟纹（0.1～0.3*R*）。菌褶离生至近离生，白色；短菌褶近菌柄端多平截。菌柄长7～10cm，直径1～2cm，近圆柱形，白色；菌环着生于菌柄上部，膜质，白色；菌柄基部膨大呈近球状至卵形，直径1.5～3cm，上部被有白色、呈领口状菌幕残余，有时在菌柄基部还有1～3圈带状菌幕残余。

担子45～60×10～13μm，棒状，具4小梗。担孢子9.5～12.5×7～9μm [*Q*=1.20～1.47, ***Q***=1.33±0.08]，宽椭圆形至椭圆形，非淀粉质。菌盖上的菌幕残余由纵向排列的菌丝和膨大细胞组成。在菌柄基部，领口状菌幕残余主要由菌丝组成。菌环主要由近辐射状、稀疏排列的菌丝构成，其间夹杂有零星至较多的膨大细胞。锁状联合阙如。

生境　夏秋季在由云杉（*Picea*）等树木组成的亚高山针叶林或针阔混交林中地上单生或群生。

分布　中国（四川和云南等省）。

经济价值　可能有毒；树木外生菌根菌。

与相似种的区别　本种与原描述于欧洲的豹斑鹅膏[*A. pantherina* (DC.) Krombh.]十分相似，但后者菌环在菌柄上的着生位置较低，担孢子较小，菌幕残余中的膨大细胞壁较厚，菌丝较少，油质菌丝较多。

球基鹅膏 **Amanita subglobosa** Zhu L. Yang

菌盖直径4 ~ 10cm，扁平至平展；菌盖表面淡褐色、皮革褐色至琥珀褐色，中部色较深，被菌幕残余；菌幕残余角锥状至疣状，白色至淡黄色，常易脱落；菌盖边缘有沟纹（0.1 ~ 0.4*R*）。菌褶离生至近离生，白色至米色；短菌褶近菌柄端多平截。菌柄长5 ~ 15cm，直径0.5 ~ 2cm，米色至白色；菌环着生于菌柄中部至中上部，膜质，白色；菌柄基部近球状，直径1.5 ~ 3.5cm，上部被有白色、有时淡黄色至淡褐色的小颗粒状至粉末状菌幕残余，在菌柄下部与球状体过渡的地方菌幕残余常呈领口状。

担子44 ~ 65×10 ~ 13μm，棒状，多具4小梗。担孢子8.5 ~ 12×7 ~ 9.5μm [*Q*=1.15 ~ 1.43, ***Q***=1.27±0.08]，宽椭圆形至椭圆形，非淀粉质。菌盖上的菌幕残余由近纵向排列的菌丝和膨大细胞组成。菌柄基部的菌幕残余由菌丝和膨大细胞组成。菌环主要由近辐射状排列的菌丝组成，其间夹杂有零星至较多的膨大细胞。锁状联合在菌褶菌髓菌丝横隔上和担子基部较常见，但在其他部位少见。

生境 夏秋季生于由松树、杨树和壳斗科植物组成的混交林中地上。

分布 中国（南方各省区）。

经济价值 可能有毒；树木外生菌根菌。

与相似种的区别 本种酷似豹斑鹅膏[*A. pantherina* (DC.) Krombh.]，区别在于后者担孢子较小，锁状联合阙如，菌柄基部球状体上的菌幕残余含有更多的菌丝。

假球基鹅膏 **Amanita ibotengutake** T. Oda et al.

菌盖直径7 ~ 9cm，扁平至平展；菌盖表面幼时茶褐色，成熟后皮革褐色至黄褐色，中部色较深，被菌幕残余；菌幕残余角锥状、疣状至毡状，白色至淡灰色，常易脱落；菌盖边缘有短沟纹（0.1 ~ 0.4*R*）。菌褶离生至近离生，白色至米色；短菌褶近菌柄端多平截。菌柄长7 ~ 13cm，直径0.5 ~ 1.5cm，米色至白色，上部被白色粉末状鳞片，下部被白色至污白色、稍反卷的鳞片；菌环着生于菌柄中部至中上部，膜质，白色至污白色，易撕裂；菌柄基部卵状至近球状，直径1.5 ~ 2.5cm，上部被有白色、有时淡灰色至淡褐色的小颗粒状至粉末状菌幕残余，在菌柄下部与球状体过渡处菌幕残余常呈不完整的领口状。

担子35 ~ 45×9 ~ 10μm，棒状，多具4小

梗。担孢子（7.5）8~10×6~7.5μm［*Q*=（1.18）1.23~1.38（1.43），***Q***=1.32±0.06］，宽椭圆形，稀椭圆形，非淀粉质。菌盖上的菌幕残余由近纵向排列的菌丝和膨大细胞组成。菌柄基部的菌幕残余由菌丝和膨大细胞组成。菌环主要由近辐射状排列的菌丝组成，其间夹杂有零星至较多的膨大细胞。锁状联合常见。

生境　夏秋季生于温带针叶林或针阔混交林中地上。

分布　韩国、日本和中国（吉林）。

经济价值　有毒；树木外生菌根菌。

与相似种的区别　本种酷似球基鹅膏（*A. subglobosa* Zhu L. Yang），故作者曾认为前者可能是后者的异名（杨祝良，2005），但分子系统学证据表明，它们并非同一物种，区别在于球基鹅膏主要分布于亚热带，其担孢子较大，锁状联合主要见于菌褶中，其他部位较少；而假球基鹅膏主要分布于温带，其担孢子较小，锁状联合在担子果各部位都较常见。

残托鹅膏原变型　**Amanita sychnopyramis** Corner & Bas f. **sychnopyramis**

菌盖直径3～8cm，扁平至平展；菌盖表面淡褐色、灰褐色至深褐色，至边缘颜色变淡，被菌幕残余；菌幕残余角锥状至圆锥状，白色、米色至淡灰色，基部色较深；菌盖边缘有长沟纹（0.3～0.4*R*）。菌褶离生至近离生，白色；短菌褶近菌柄端多平截。菌柄长5～11cm，直径0.7～1.5cm，米色至白色；菌环阙如；菌柄基部膨大呈近球状至腹鼓状，有时呈萝卜状，直径1.5～2cm，上半部被有米色、淡黄色至淡灰色的疣状、小颗粒状至粉末状菌幕残余，这些残余常呈不规则同心环状排列。

担子30～42×8～12μm，棒状，多具4小梗。担孢子6.5～8.5×6～8μm [*Q*=1.03～1.16，***Q***=1.08±0.04]，球形至近球形，非淀粉质。菌盖上的菌幕残余由近纵向排列的菌丝和膨大细胞构成。菌柄基部的菌幕残余主要由不规则排列的菌丝组成，其间夹杂有少量膨大细胞，但在疣状、颗粒状菌幕残余的顶部膨大细胞较多。锁状联合阙如。

生境　夏秋季生于阔叶林或针阔混交林中地上。

分布　新加坡和中国（云南）。

经济价值　有毒；树木外生菌根菌。

与相似种的区别　本变型与残托鹅膏有环变型[*A. sychnopyramis* f. *subannulata* Hongo]的区别在于后者有一菌环。本变型与美黄鹅膏（*A. mira* Corner & Bas）有相似之处，但后者的菌盖橘红色至黄色，菌盖表面被淡黄色至黄色菌幕残余。

残托鹅膏有环变型　**Amanita sychnopyramis** f. **subannulata** Hongo

与残托鹅膏原变型（*A. sychnopyramis* f. *sychnopyramis*）的区别仅在于：本变型担子体在菌柄中下部至中部着生有白色至米色的膜质菌环；菌环主要由近辐射状排列的菌丝构成，其间夹杂有个别棒状、近球形至椭圆形的膨大细胞，但在菌环边缘膨大细胞很多。

生境　夏秋季生于阔叶林或针阔混交林中地上。与原变型相比，本变型更常见。

分布　日本和中国（湖南、广东、海南、广西和云南等省区）。

经济价值　有毒，能快速毒死苍蝇（王云章，1973；Yang，1994）；树木外生菌根菌。

与相似种的区别　本变型与小豹斑鹅膏（*A. parvipantherina* Zhu L. Yang et al.）相似，不同之处在于：小豹斑鹅膏的菌环在菌柄上的着生位置通常较高，担孢子较大、椭圆形，菌盖上的菌幕中含有较少的菌丝。

污鳞球孢鹅膏 Amanita sp. 2

菌盖直径3～5cm，扁平至平展；菌盖表面灰色至淡灰褐色，至边缘颜色变淡为淡黄色至近白色，被菌幕残余；菌幕残余块状、破布状至近锥状，污白色至白色，有时淡灰色，易脱落；菌盖边缘有沟纹（0.1～0.3*R*）。菌褶离生至近离生，白色；短菌褶近菌柄端多平截。菌柄长4～6.5cm，直径0.5～1.5cm，白色至污白色；有时有一膜质、白色、易碎的假菌环，由菌盖边缘的菌幕残余构成；菌柄基部膨大呈近球状，直径1.5～2（2.5）cm，白色，上半部被有白色至米色的疣状至粉末状菌幕残余，这些残余常呈不规则同心环状排列。

担子35～60×10～13μm，棒状，多具4小梗。担孢子（6.5）7～8.5×6.5～8μm [*Q*=1～1.08（1.11），***Q***=1.05±0.03]，球形至近球形，非淀粉质。菌盖上的菌幕残余由近纵向排列的菌丝和膨大细胞构成，膨大细胞丰富。锁状联合在担子体各部位皆有，但在担子基部较常见。

生境 夏秋季生于阔叶林中地上。

分布 中国（湖南）。

经济价值 可能有毒。

与相似种的区别 本种与脱皮鹅膏[*A. elata* (Massee) Corner & Bas]相似，不同之处在于本种具有锁状联合。

脱皮鹅膏 **Amanita elata** (Massee) Corner & Bas

菌盖直径3～5cm，扁平至平展；菌盖表面淡黄色至淡黄褐色，中部色稍深，至边缘颜色变淡，被菌幕残余；菌幕残余破布状、块状至粉末状，淡黄色至污白色，中部较密，至菌盖边缘渐变稀、变小；菌盖边缘有长沟纹（0.4～0.6*R*）。菌褶离生，白色至米色，不等长；短菌褶近菌柄端多平截。菌柄长5～7.5cm，直径0.3～0.7cm，近圆柱形，米色至白色；菌环阙如，但有时菌幕残余会在菌柄上形成一个环状物；菌柄基部膨大呈陀螺状至球状，直径1～1.7cm，上半部被有少许粉末状至疣状菌幕残余。

担子28～54×10～14μm，棒状，具4小梗。担孢子7.5～9.5（10）×7～9μm [*Q*=（1.0）1.03～1.19（1.28），***Q***=1.11±0.05]，球形至近球形，稀宽椭圆形，非淀粉质。菌盖表面的菌幕残余由近纵向排列的菌丝和膨大细胞构成；菌柄基部的菌幕残余由不规则排列的菌丝和膨大细胞组成。锁状联合阙如。

生境 春夏季生于热带及南亚热带阔叶林中地上。

分布 新加坡和中国（云南和台湾等省）。

经济价值 可能有毒；树木外生菌根菌。

与相似种的区别 本种易与小毒蝇鹅膏（*A. melleiceps* Hongo）相混淆，但后者主要见于松林及针阔混交林中地上，且担孢子椭圆形至宽椭圆形。

小毒蝇鹅膏 **Amanita melleiceps** Hongo

菌盖直径2～5cm，扁平至平展；菌盖表面黄色至蜜黄色，中部色稍深，成熟后边缘近白色，被菌幕残余；菌幕残余破布状、毡状至细疣状，淡黄色，后变淡至污白色，中部较密，至菌盖边缘渐变稀、变小；菌盖边缘有沟纹（0.3～0.5*R*）。菌褶离生，白色，不等长；短菌褶近菌柄端多平截。菌柄长3～7cm，直径0.3～0.6cm，近圆柱形，米色至白色；菌环阙如；菌柄基部膨大呈球状至卵状，直径0.5～1cm，上半部被有白色至淡黄色的粉末状至疣状菌幕残余。

担子40～55×8～11μm，棒状，具4小梗。担孢子8.5～10.5×6～7.5μm [*Q*=1.27～1.58，***Q***=1.42±0.1]，椭圆形至宽椭圆形，非淀粉

质。菌盖表面的菌幕残余由近纵向排列的菌丝和膨大细胞构成；菌柄基部的菌幕残余由不规则排列的菌丝和膨大细胞组成。锁状联合阙如。

生境 春夏季于松林[如马尾松（*Pinus massoniana*）林]及针阔混交林中地上群生或散生。

分布 韩国、日本和中国（河南、安徽、湖南、福建、广东和广西等省区）。

经济价值 有毒。在广西，有因误食小毒蝇鹅膏而中毒的事件，该毒菌对苍蝇的毒杀力较强（卯晓岚，1987）；树木外生菌根菌。

与相似种的区别 本种可能会与残托鹅膏（*A. sychnopyramis* Corner & Bas）相混淆，但后者担子体往往较大，菌盖表面的菌幕残余角锥状至圆锥状，担孢子球形至近球形，较小。

灰黄双孢鹅膏 Amanita sp. 3

菌盖直径5~8cm，扁平至平展；菌盖表面黄褐色，至边缘颜色变淡，被菌幕残余；菌幕残余近锥状至糠麸状，淡灰色、灰黄色至污白色；菌边缘有沟纹（0.1~0.2*R*）。菌褶离生至近离生，白色；短菌褶近菌柄端多平截。菌柄长6~9cm，直径0.5~1.5cm，米色至白色，密被白色、米色至淡灰色粉末状鳞片，至成熟时逐渐变光滑；菌环阙如；菌柄基部膨大呈近球状至腹鼓状，直径1~2cm，上半部被有灰色至黄灰色的疣状、小颗粒状至粉末状菌幕残余，下半部被有污白色、颗粒状、同心环状排列的菌幕残余。

担子30～50×9～12μm，棒状，具2小梗，稀具1小梗。担孢子10.5～14.5（16）×（6.5）7.5～10（11）μm [*Q*=（1.16）1.28～1.60（1.82），***Q***=1.44±0.12]，宽椭圆形至椭圆形，稀长椭圆形，非淀粉质。菌盖上的菌幕残余由近纵向排列的菌丝和膨大细胞构成，膨大细胞十分丰富。锁状联合在担子体各部位皆有，但仅在担子基部、亚子实层及菌褶菌髓中较常见，而在其他部位较稀少。

生境　夏秋季生于阔叶林或针阔混交林中地上。

分布　中国（湖南）。

经济价值　可能有毒；树木外生菌根菌。

与相似种的区别　本种担子双孢，锁状联合仅在菌褶中较常见，这是十分独特的。

中华鹅膏　**Amanita sinensis** Zhu L. Yang

菌盖直径7～12cm，扁平至平展；菌盖表面污白色至淡灰色，中部淡灰色至深灰色，被菌幕残余；菌幕残余疣状至颗粒状，有时毡状或粉末状，瓦灰色、灰色、深灰色至灰褐色；菌边缘常有沟纹，但有时几乎无沟纹（0.1～0.3*R*）。菌褶离生至近离生，白色；短菌褶近菌柄端多平截。菌柄长10～15cm，直径1～2.5cm，污白色至淡灰色，有瓦灰色、淡灰色、灰色至深灰色粉末状至絮状鳞片；菌环顶生至近顶生，膜质，上表面白色，下表面被淡灰色粉质至纤丝状鳞片，易撕破脱落而在菌柄上看不到任何菌环残余；菌柄基部棒状至近梭形，与菌柄本身无明显界线，直径2～3.5cm，上半部被淡灰色、灰色至深灰色粉末状至絮状菌幕残余。

担子40～65×11～16μm，棒状，多具4小梗。担孢子9.5～12.5×7～8.5μm [*Q*=1.25～1.53，***Q***=1.38±0.09]，宽椭圆形至椭圆形，非淀粉质。菌盖上的菌幕残余由近纵向排列的大量膨大细胞和少数菌丝组成。菌柄基部的菌幕残余由不规则排列的菌丝和膨大细胞组成。菌环由大量长椭圆形至近梭形或棒状的膨大细胞构成，其间夹杂有近辐射状稀疏排列的菌丝。锁状联合普遍存在于担子体各部位，但仅在担子基部、亚子实层及菌褶菌髓中较常见，而在其他部位较稀少。

生境 夏秋季生于针叶林[如云南松（*Pinus yunnanensis*）林]或针阔混交林[如云南松、栎（*Quercus*）、石栎（*Lithocarpus*）等]中地上。

分布 韩国、尼泊尔、日本和中国（湖南、广东、广西、四川、贵州和云南等省区）。

经济价值 可食；树木外生菌根菌。

与相似种的区别 本种与东亚的灰疣鹅膏（*A. griseoverrucosa* Zhu L. Yang）和欧洲的松果鹅膏[*A. strobiliformis* (Paulet ex Vittad.) Bertill.]外表相似，但后二者菌盖边缘无沟纹，担孢子淀粉质，锁状联合阙如。

小托柄鹅膏 **Amanita farinosa** Schwein.

菌盖直径3～5cm，扁半球形至平展；菌盖表面淡灰色至淡褐色，被菌幕残余；菌幕残余粉末状，灰色至褐灰色，常易脱落；菌盖边缘有长沟纹（0.4～0.6*R*）。菌褶离生至近离生，白色；短菌褶近菌柄端多平截。菌柄长5～8cm，直径0.3～0.6cm，白色；菌环阙如；菌柄基部膨大呈近球状至卵形，直径达1cm，上半部被有灰色至褐灰色粉末状菌幕残余。

担子30～42×9～11μm，棒状，具4小梗。担孢子6.5～8×5.5～7μm [Q=1.10～1.30, $\mathbf{Q}$=1.18±0.06]，近球形至宽椭圆形，非淀粉质，光滑，薄壁。菌盖上的菌幕残余由近纵向至不规则、排列稀疏的菌丝和膨大细胞构成。锁状联合阙如。

生境 夏秋季常于针叶林（如松属植物）或针阔混交林（如松属和壳斗科植物）中地上群生或散生。可能与松及壳斗科植物形成外生菌根。

分布 美国、加拿大、日本、韩国和中国。在我国分布较广。

经济价值 有毒；树木外生菌根菌。

与相似种的区别 本种可能会与灰绒鹅膏（*A. griseofarinosa* Hongo）相混淆，但后者菌盖边缘无沟纹，短菌褶近菌柄端渐窄，担孢子非淀粉质，较大。

拟橙盖鹅膏 **Amanita caesareoides** Lj.N. Vassiljeva

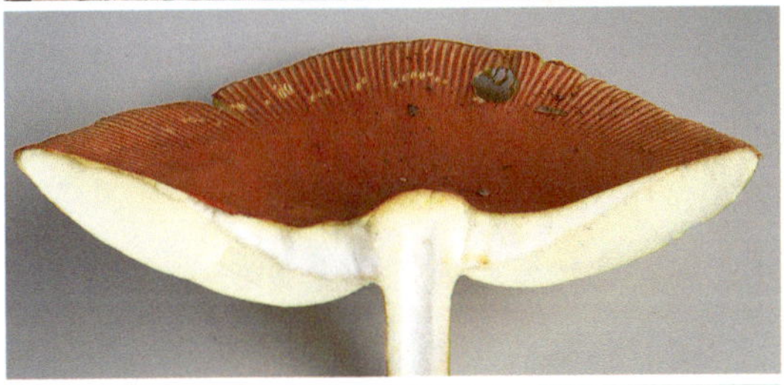

菌盖直径5～13cm，扁半球形至平展，成熟时中央凸起；菌盖表面幼时深红色，成熟后中部红色至橘红色，边缘红色至橘黄色；菌盖边缘有长沟纹（0.3～0.5*R*）；菌肉较薄。菌褶米色至淡黄色；褶缘黄色；短菌褶近菌柄端多平截。菌柄长8～18cm，直径0.7～2cm，淡黄色至黄色，被橘黄色至污黄色不规则蛇皮纹状鳞片，中空；菌环着生于菌柄上部，黄色至橘黄色；菌幕残余（菌托）袋状，高3～5（7）cm，直径2～3.5（4.5）cm，白色。

担子33～45×8～12μm，棒状，具4小梗。担孢子（7）7.5～10（11）×（6）6.5～8（8.5）μm [*Q*=（1.07）1.14～1.35（1.46），***Q***=1.25±0.07]，宽椭圆形，稀椭圆形或近球形，非淀粉质。菌环主要由近辐射状排列的菌丝构成，其间夹杂有个别膨大细胞。锁状联合常见。

生境 夏秋季生于阔叶林或针阔混交林中地上。

分布 俄罗斯远东地区、日本和中国。

经济价值 可食；树木外生菌根菌。

与相似种的区别 拟橙盖鹅膏酷似欧洲的橙盖鹅膏[*A. caesarea* (Scop.) Pers.]，但后者的菌盖厚实、中央无凸起，菌盖边缘沟纹较短，菌柄短粗，担孢子较大。本种主要分布于温带地区，在我国亚热带地区较为少见。本种酷似红黄鹅膏[*A. hemibapha* (Berk. & Broome) Sacc.]，但后者菌盖中央无凸起，担孢子椭圆形，是个典型的热带物种，在我国可能仅分布于南部热带地区。

红黄鹅膏 **Amanita hemibapha** (Berk. & Broome) Sacc. 俗名：黄罗伞

菌盖直径8～15cm，扁半球形至平展，中央不凸起；菌盖表面中部红色至橘红色，边缘黄色；菌盖边缘有长沟纹（0.3～0.5*R*）；菌肉较薄。菌褶淡黄色至米色；短菌褶近菌柄端多平截。菌柄长12～16cm，直径0.5～1.5cm，淡黄色至米色，被黄色至橘黄色不规则蛇皮纹状鳞片，中空；菌环着生于菌柄上部，淡黄色至橙色；菌幕残余（菌托）袋状，高3～5cm，直径2～3cm，白色。

担子35～40×8.5～10μm，棒状，具4小梗。担孢子8.5～11×6～7.5μm [*Q*=1.31～1.57（1.58），***Q***=1.47±0.08]，椭圆形，非淀粉质。菌环主要由近辐射状排列的菌丝构成，其间夹杂有个别膨大细胞。锁状联合常见。

生境 夏季生于阔叶林、热性针叶林中地上。

分布 斯里兰卡、泰国、印度和中国（云南南部）。

经济价值 可食，味道较好；树木外生菌根菌。

与相似种的区别 长期以来，本种的特征一直不甚清楚。近年的野外采集表明，本种菌盖中央并不凸起，边缘有长沟纹，菌盖菌肉较薄，担孢子椭圆形（Pegler，1986；Vrinda et al.，2005）。作者对采自斯里兰卡该种的模式标本进行了研究，其担孢子为（7）8～10×（5）5.5～6.5（7）μm [*Q*=（1.21）1.36～1.64（1.73），***Q***=1.49±0.09]。本种是个典

型的分布于热带亚洲的物种，在我国可能仅分布于南部热带地区（如云南西双版纳，见第58页右下图）。右图是该种较为典型的照片，摄于印度南部，供读者参考。有若干种（或变种）酷似本种，它们之间的区别可以参见本书中的“橙盖鹅膏组sect. *Caesareae* Singer ex Singer分种（变种）检索表”及相关分类单元的讨论。

凸顶红黄鹅膏　Amanita sp. 4

菌盖直径8～10cm，扁半球形至平展，中央凸起；菌盖表面中部猩红色至橘红色，至边缘逐渐变为黄色；菌盖边缘有长沟纹（0.3～0.4*R*）。菌褶淡黄色至硫黄色；短菌褶近菌柄端多平截；褶缘黄色。菌柄长15～20cm，直径1.5～3cm，淡黄色至硫黄色，被黄色至橘红色不规则蛇皮纹状鳞片，中空；菌环着生于菌柄上部，上表面硫黄色至淡黄色，下表面稍淡；菌幕残余（菌托）袋状，高5～7cm，直径3～5cm，白色至污白色。

担子35～48×10～12μm，棒状，具4小梗。担孢子8.5～11.5（12）×（6.5）7～8.5μm [*Q*=1.13～1.35（1.41），*Q*=1.28±0.08]，宽椭圆形，稀椭圆形或近球形，非淀粉质。菌环主要由近辐射状排列的菌丝构成，其间夹杂有个别膨大细胞。锁状联合常见。

生境　夏季生于常绿阔叶林中地上。

分布　中国（亚热带地区）。

经济价值　可食，味道较好；树木外生菌根菌。

与相似种的区别　本种与红黄鹅膏[*A. hemibapha* (Berk. & Broome) Sacc.]相似，在我国一度将该种定名为红黄鹅膏，但后者菌盖中央不凸起，菌柄基部仅末端与菌托相连，担孢子椭圆形（Pegler，1986）。

爪哇鹅膏　**Amanita javanica** (Corner & Bas) T. Oda et al.

菌盖直径6 ~ 10cm，幼时钝圆锥状，成熟后扁半球形至平展，中央凸起，稀不凸起；菌盖表面幼时暗红褐色，成熟后中部红褐色，边缘黄色至淡黄褐色；菌盖边缘有红褐色长沟纹（0.3 ~ 0.5*R*）。菌褶米色至淡黄色；短菌褶近菌柄端多平截；褶缘红色至橘红色。菌柄长8 ~ 15cm，直径1 ~ 1.5cm，被红褐色至黄褐色不规则蛇皮纹状鳞片，中空；菌环粉红色、红色至橘红色，生于菌柄上部；菌幕残余（菌托）袋状，高2 ~ 5cm，直径2 ~ 4cm，白色。

担子30 ~ 40×8 ~ 10μm，棒状，具4小梗。担孢子7.5 ~ 9（10）×（5.5）6 ~ 7.5μm [*Q*=1.23 ~ 1.38（1.50），***Q***=1.33±0.06]，宽椭圆形至椭圆形，

非淀粉质。菌环主要由近辐射状排列的菌丝构成，其间夹杂有个别膨大细胞。锁状联合常见。

生境 生于热带阔叶林中地上。

分布 热带东南亚至中国南部。

经济价值 可食，味道较好；树木外生菌根菌。

与相似种的区别 本种与红缘鹅膏[*A. rubromarginata* Har. Takah.]非常近缘，后者是否是前者的异名有待进一步研究。

褐顶黄缘鹅膏 Amanita sp. 5

菌盖直径7～12cm，幼时钝圆锥状，成熟后扁半球形至平展，中央稍凸起或凸起不明显；菌盖表面幼时暗褐色至暗黄褐色，成熟后中部褐色、暗褐色至黑褐色，至边缘逐渐变为蜜黄色至玉米黄色；菌盖边缘有长沟纹（0.5～0.7 *R*）。菌褶淡黄色；短菌褶近菌柄端多平截；褶缘米色至淡黄色。菌柄长8～15cm，直径1～1.5cm，被黄色至淡黄色不规则蛇皮纹状鳞片，中空；菌环着生于菌柄上部，黄色；菌幕残余（菌托）袋状，高2～4cm，直径2～3cm，白色。

担子35～48×10～12μm，棒状，具4小梗。担孢子8.5～10.5（11）×（5.5）6～7μm [*Q*=1.31～1.64（1.81），***Q***=1.50±0.14]，椭圆形，非淀粉质。菌环主要由近辐射状排列的菌丝构成，其间夹杂有个别膨大细胞。锁状联合常见。

生境 夏秋季生于南亚热带森林中地上。

分布 中国（海南）。

经济价值 可食；树木外生菌根菌。

与相似种的区别 本种与产于东南亚的*A. similis* Boedijn相似，但后者菌柄上的鳞片橘红色，菌环橘红色。本种与淡橄榄色鹅膏（*A.* cf. *similis* Boedijn）也很相似，区别在于后者菌盖中央明显凸起，中部灰色至橄榄褐色，边缘灰黄色，边缘沟纹稍短（0.3～0.5*R*），菌柄淡黄色或被淡黄色鳞片，菌环淡黄色，担孢子稍宽。

淡橄榄色鹅膏 **Amanita** cf. **similis** Boedijn

菌盖直径6～12cm，成熟后扁半球形至平展，中央凸起；菌盖表面中部灰色、暗灰色至橄榄褐色，至边缘逐渐变为灰黄色；菌盖边缘有长沟纹（0.3～0.5*R*）。菌褶淡黄色；短菌褶近菌柄端多平截；褶缘米色至淡黄色。菌柄长8～15cm，直径1～1.5cm，淡黄色或被淡黄色不规则蛇皮纹状鳞片，中空；菌环着生于菌柄上部，淡黄色；菌幕残余（菌托）袋状，高2～4cm，直径2～3cm，白色。

担子45～50×10～12μm，棒状，具4小梗。担孢子（9）9.5～11.5（12）×（6.5）7～8.5μm [*Q*=（1.18）1.23～1.44（1.53），***Q***=1.35±0.08]，宽椭圆形至椭圆形，非淀粉质。菌环主要由近辐射状排列的菌丝构成，其间夹杂有个别膨大细胞。锁状联合常见。

生境 夏秋季生于南亚热带森林中地上。

分布 中国（福建和海南等省）。

经济价值 可食；树木外生菌根菌。

与相似种的区别 本种与产于东南亚的 *A. similis* Boedijn 相似，但后者菌柄上的鳞片橘红色，菌环橘红色。

黄蜡鹅膏 Amanita sp. 6 俗名：黄蜡伞 黄罗伞

菌盖直径6～10cm，幼时钝圆锥状，成熟后扁半球形至平展，中央凸起，稀不凸起或凸起不明显；菌盖表面幼时黄色至杏黄色，成熟后中部黄色至深黄色，边缘黄色至杏黄色；菌盖边缘有长沟纹（0.3～0.4*R*）。菌褶淡黄色；短菌褶近菌柄端多平截；褶缘黄色。菌柄长8～15cm，直径1～1.5cm，淡黄色，被黄色至淡黄色、稀橘黄色不规则蛇皮纹状鳞片，中空；菌环着生于菌柄上部，淡黄色、黄色至橙色；菌幕残余（菌托）袋状，高2～5cm，直径2～4cm，白色。

担子38～56×9～12μm，棒状，具4小梗。担孢子8.5～10.5（11）×6～7.5μm [*Q*=1.32～1.47（1.57），***Q***=1.41±0.06]，椭圆形，非淀粉质。菌环主要由近辐射状排列的菌丝构成，其间夹杂有个别膨大细胞。锁状联合常见。

生境 夏秋季生于亚热带针叶林或针阔混交林中地上。

分布 中国（云南）。

经济价值 可食，味道较好；树木外生菌根菌。

与相似种的区别 在我国和日本，一度将本种定名为红黄鹅膏黄色亚种（*A. hemibapha* subsp. *javanica* Corner & Bas）。Oda等（1999）将红黄鹅膏黄色亚种提升为种，即爪哇鹅膏[*A. javanica* (Corner & Bas) T. Oda et al.]。近年来，我们采集了更多标本，对比研究后发现，将爪哇鹅膏与本种分开较妥。爪哇鹅膏菌盖幼时颜色较深，菌柄上的鳞片橘红色，菌环红黄褐色（Corner & Bas，1962），其寄主植物可能是热带树种；而本种菌盖幼时和成熟时的颜色皆为黄色，菌柄上的鳞片为黄色，菌环黄色，其寄主植物应该是亚热带的松树（*Pinus* spp.）。

黄褐鹅膏 **Amanita hemibapha** var. **ochracea** Zhu L. Yang

菌盖直径10～25cm，幼时钝圆锥状，成熟后扁半球形至平展，中央凸起；菌盖表面幼时暗褐色，成熟后中部褐色至黄褐色，至边缘逐渐变为赭色、黄褐色至黄色；菌盖边缘有长沟纹（0.3～0.4*R*）。菌褶白色至米色，偶淡黄色；短菌褶近菌柄端多平截；褶缘黄色至褐色。菌柄长15～35cm，直径2～3（5）cm，表面黄色至淡黄色，被黄褐色至红褐色的蛇皮纹状鳞片，中空；菌环生于菌柄上部，上表面黄色，下表面黄褐色；菌幕残余（菌托）袋状，高4～7（12）cm，直径3～5（7）cm，白色。

担子38~50(60)×10~12μm，棒状，具4小梗。担孢子(8)9~12.5(17)×(6)7~9(10) μm [*Q*=(1.13)1.20~1.50(1.89)，***Q***=1.36±0.10]，宽椭圆形至椭圆形，非淀粉质。菌环主要由近辐射状排列的菌丝构成，其间夹杂有个别膨大细胞。锁状联合常见。

生境 夏秋季在由冷杉（*Abies*）、云杉（*Picea*）、松（*Pinus*）和栎（*Quercus*）等树木组成的针叶林或混交林中地上单生或群生。

分布 中国（四川、云南和西藏等省区）。

经济价值 可食；树木外生菌根菌。

与相似种的区别 黄褐鹅膏的拉丁学名

现暂记载为红黄鹅膏[*A. hemibapha* (Berk. & Broome) Sacc.]下的一个变种，近来的分子系统发育研究表明它与红黄鹅膏并非同一物种，今后需要完善。黄褐鹅膏主要分布于我国西南亚高山暗针叶林中，偶然会见到白化体（右中图）。

乳头鹅膏 Amanita sp. 7

菌盖直径11cm，扁半球形至平展，中央具有明显的乳头状凸起；菌盖表面中部暗褐色，向外逐渐变为灰褐色，边缘为蜜黄色至玉米黄色；菌盖边缘沟纹较长（约0.4*R*）。菌褶奶油色至淡黄色；短菌褶近菌柄端多平截；褶缘黄色。菌柄长15cm，直径1.5~2cm，奶油色至米色，被黄色至淡黄色不规则蛇皮纹状鳞片，中空；菌环着生于菌柄上部，淡黄色；菌幕残余（菌托）袋状，高5cm，直径3cm，白色。

担子40~48×9~12μm，棒状，具4小梗。担孢子（9）9.5~12.5（13）×（6）7~9（9.5）μm [*Q*=1.27~1.50（1.69），***Q***=1.41±0.10]，宽椭圆形至椭圆形，非淀粉质。菌环主要由近辐射状排列的菌丝构成，其间夹杂有个别膨大细胞。锁状联合常见。

生境 夏秋季生于南亚热带森林中地上。

分布 中国（台湾）。

经济价值 可食；树木外生菌根菌。

与相似种的区别 本种菌盖中央具有明显的乳头状凸起，十分独特。

高大鹅膏 Amanita princeps Corner & Bas

菌盖直径7~20（25）cm，扁平至近平展，中部无凸起或有时具不明显的凸起；菌盖表面褐色至黄褐色，至边缘色逐渐变为赭色、淡赭色至淡黄色；菌盖边缘有较长沟纹（0.2~0.3*R*）。菌褶白色；短菌褶近菌柄端多平截。菌柄长9~25（30）cm，直径1~3cm，白色、污白色至灰色；菌环顶生至近顶生，白色，易脱落；菌幕残余（菌托）袋状，高4~8（12）cm，外表面污白色、淡灰色至淡褐色并常龟裂成小片状至小块状。

担子40~60×12~15μm，棒状，具4小梗。担孢子（8）8.5~12（14.5）×（7）7.5~11.5（13）μm [*Q*=（1.0）1.04~1.21（1.32），***Q***=1.12±0.06]，近球形，有时宽椭圆形，非淀粉质；侧生小尖较粗壮。菌托内部主要由菌丝组成。锁状联合常见。

生境 夏秋季生于热带、亚热带具有壳斗科植物的常绿阔叶林或混交林中地上。

分布 泰国、新加坡和中国（热带至南亚热带）。

经济价值 食毒不明；树木外生菌根菌。

与相似种的区别 高大鹅膏与东南亚的*A. aporema* Boedijn十分相近，区别在于后者担子体较小，菌盖直径8～11cm，中央颜色深，边缘沟纹较长（长达0.5*R*）。高大鹅膏与产于非洲的*A. zambiana* Pegler & Piearce也有相似之处，但后者的菌盖中部橄榄褐色，边缘近白色，菌盖边缘沟纹较短，菌柄基部菌幕残余（菌托）黑褐色，担孢子较长。

淡色高大鹅膏 Amanita sp. 8

菌盖直径10～13cm，扁平至近平展，中部无凸起或有时有不明显的凸起；菌盖表面淡橄榄色，至边缘逐渐变为米色至白色；菌盖边缘有较长沟纹（0.3*R*）。菌褶白色；短菌褶近菌柄端多平截。菌柄长10～16cm，直径1～2cm，白色至污白色；菌环近顶生，白色，膜质，宿存；菌幕残余（菌托）袋状，高3～5cm，外表面污白色。

担子45～58×14～16μm，棒状，具4小梗。担孢子9.5～11（12）×（8）8.5～10.5（11）μm [*Q*=（1.0）1.05～1.17（1.22），***Q***=1.11±0.05]，近

球形，稀宽椭圆形，非淀粉质；侧生小尖较粗壮。菌托内部主要由菌丝组成。锁状联合常见。

生境 夏秋季生于热带、亚热带具有壳斗科植物的常绿阔叶林或混交林中地上。

分布 中国（海南）。

经济价值 食毒不明；树木外生菌根菌。

与相似种的区别 本种与高大鹅膏及产于东南亚的*A. aporema* Boedijn十分相近。区别如下：高大鹅膏的菌盖饼干褐色，至边缘稍变淡，边缘沟纹较短（0.2～0.3*R*）；*A. aporema* 担子体较小，菌盖直径8～11cm，中央颜色较深，边缘沟纹较长（长达0.5*R*）。

短棱鹅膏 **Amanita imazekii** T. Oda et al.

菌盖直径7～15cm，扁半球形至平展，中央一般不凸起；菌盖表面灰色、淡灰色至褐灰色，中部色较深；菌盖边缘有沟纹（0.1～0.2*R*）。菌褶白色；短菌褶近菌柄端多平截。菌柄长10～20cm，直径1～3cm，白色，光滑或有灰色纤丝状鳞片，中空；菌环近顶生，白色；菌幕残余（菌托）袋状，白色至污白色。就白化体而言，各部分皆为白色。

担子48～60（66）×10～17μm，棒状，多具4小梗，有时具2小梗。担孢子（8.5）9～12.5（15）×（8）8.5～11.5（13）μm [*Q*=（1.0）1.05～1.17（1.25），***Q***=1.11±0.05]，近球形，有时宽椭圆形，非淀粉质。菌幕残余内部主要由近纵向至不规则排列的菌丝组成。菌环主要由近辐射状排列的菌丝构成。锁状联合常见。

生境 夏秋季生于由松科和壳斗科树木组成的混交林中地上。

分布 日本和中国（四川和云南等省）。

经济价值 可食；树木外生菌根菌。

与相似种的区别 短棱鹅膏与白条盖鹅膏（*A. chepangiana* Tulloss & Bhandary）、长棱鹅膏（*A. longistriata* S. Imai）和高大鹅膏（*A. princeps* Corner & Bas）有很近的亲缘关系。不同的是：白条盖鹅膏菌盖白色，菌盖边缘沟纹较长；长棱鹅膏菌盖边缘的沟纹较长，菌褶粉红色，担孢子稍窄；高大鹅膏菌盖黄褐色，菌盖边缘沟纹较长，菌环易破碎而消失。短棱鹅膏偶然会有白化体（第70页右中图）。

灰鳞柄鹅膏 **Amanita** cf. **imazekii** T. Oda et al.

菌盖直径6.5cm，扁半球形至平展，中央稍凸起；菌盖表面淡灰色至褐灰色，中部色较深；菌盖边缘有沟纹（0.2~0.3*R*）。菌褶白色至米色；短菌褶近菌柄端多平截。菌柄长19cm，直径1~1.3cm；菌环之下白色至污白色，被暗灰色鳞片，菌环之上淡灰色，近光滑，中空；菌环距菌柄顶端约2cm，膜质，上表面淡灰色，下表面灰褐色；菌幕残余（菌托）袋状，高5cm，直径2.5cm，白色至污白色。

担子53~75×11~17μm，棒状，多具4小梗。担孢子（8.5）9~11（11.5）×（8）8.5~10.5（11）μm [*Q*=（1）1.02~1.1，***Q***=1.05±0.03]，球形至近球形，非淀粉质。菌幕残余内部主要由近纵向至不规则排列的菌丝组成。菌环主要由近辐射状排列的菌丝构成。锁状联合常见。

生境　夏秋季生于亚高山针阔混交林中地上。

分布　中国（四川）。

经济价值　可食；树木外生菌根菌。

与相似种的区别　本种酷似短棱鹅膏（*A. imazekii* T. Oda et al.），但后者担子体通常较大，菌柄上的鳞片颜色较淡。

白条盖鹅膏 **Amanita chepangiana** Tulloss & Bhandary

菌盖直径8~15cm，扁半球形至平展，中央不凸起；菌盖表面白色，中部常淡黄色至米色，通常无菌幕残余；菌盖边缘有长沟纹（0.2~0.3*R*）。菌褶离生至近离生，白色；短菌褶近菌柄端多平截。菌柄长10~20cm，直径1~3.5cm，白色，中空；菌柄基部不膨大，无球状体；菌环上位至近顶生，白色，易脱落；菌幕残余（菌托）袋状，高4~8cm，直径2.5~5cm，外表面污白色至淡灰褐色并常龟裂。

担子50~75×11~13μm，棒状，通常具4小梗。担孢子（9.5）10~12.5（14.5）×8.5~11（13.5）μm [*Q*=（1.02）1.08~1.27（1.33），***Q***=1.16±0.06]，近球形至宽椭圆形，非淀粉质。菌托内部主要由纵向排列的菌丝组成，其间夹杂有较丰富至局部丰富的膨大细胞；菌托内表面由胶化的菌丝组成。菌环主要由近辐射状排列的菌丝构成，其间夹杂有少数洋梨形、卵状、棒状至宽棒状的膨大细胞。锁状联合常见。

生境 夏秋季生于阔叶林中地上。

分布 孟加拉国、尼泊尔和中国（贵州）。

经济价值 可食；树木外生菌根菌。

与相似种的区别 本种原初描述于尼泊尔，生龙脑香林下。采自孟加拉国的标本（见第73页照片）也生龙脑香林下，菌环易脱落。在我国，本种只分布于热带至南亚热带地区阔叶林中。本种酷似欧洲的橙盖鹅膏白色变种（*A. caesarea* var. *alba* Gillet）。但

后者的菌盖厚实、菌盖边缘沟纹较短、菌柄短粗且担孢子窄长。本种与短棱鹅膏（*A. imazekii* T. Oda et al.）及其白化体可能有较近的亲缘关系，但是，短棱鹅膏菌盖灰色至淡灰色，菌盖边缘沟纹较短。

白条盖鹅膏可食，但它易与致命鹅膏（*A. exitialis* Zhu L. Yang & T.H.Li）、欧氏鹅膏（*A. oberwinklerana* Zhu L. Yang & T.H.Li）和黄盖鹅膏白色变种（*A. subjunquillea* var. *alba* Zhu L. Yang）相混淆，必须将它与后三者严格区分开来。白条盖鹅膏担子体较大，菌盖边缘有辐射状长沟纹，短菌褶近菌柄端多平截，担孢子非淀粉质，锁状联合常见；而其他三种鹅膏的担子体较小，菌盖边缘平滑、无沟纹，短菌褶在近菌柄端多逐渐变窄，菌柄一般不中空，担孢子淀粉质，锁状联合阙如。

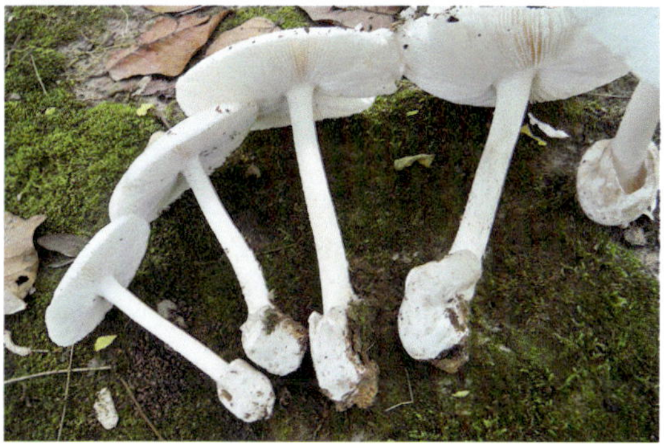

大白鹅膏　**Amanita** cf. **chepangiana** Tulloss & Bhandary

菌盖直径7～10cm，扁半球形至平展，中央有时凸起；菌盖表面白色，中部米色，通常无菌幕残余；菌盖边缘有长沟纹（0.3～0.4*R*）。菌褶离生至近离生，白色至米色；短菌褶近菌柄端多平截。菌柄长12～16cm，直径1.5～2cm，白色，表面有丝状鳞片，内部中空；菌柄基部不膨大，无球状体；菌环上位，膜质，白色，一般不脱落；菌幕残余（菌托）袋状，高5～8cm，直径5～5cm；外表面白色，不龟裂；内表面白色至淡灰色。

担子35～65×10～15μm，棒状，通常具4小梗。担孢子（8.5）9.5～12（12.5）×（8.0）8.5～10.5（11）μm [*Q*=（1.0）1.05～1.14（1.16），***Q***=1.08±0.04]，近球形，非淀粉质。菌托内部主要由纵向排列的菌丝组成，其间夹杂有较丰富至局部丰富的膨大细胞；菌托内表面由胶化的菌丝组成。菌环主要由近辐射状排列的菌丝构成，其间夹杂有少数洋梨形、卵状、棒状至宽棒状膨大细胞。锁状联合常见。

生境　夏秋季生于亚热带针阔混交林中地上。

分布　中国（云南）。

经济价值 可食；树木外生菌根菌。

与相似种的区别 本种酷似白条盖鹅膏（*A. chepangiana* Tulloss & Bhandary），但后者菌幕残余（菌托）外表面污白色至淡灰褐色并龟裂，菌环易脱落，担孢子近球形至宽椭圆形，分布于热带至南亚热带地区。本种也与欧洲的橙盖鹅膏白色变种（*A. caesarea* var. *alba* Gillet）相似，但后者的菌盖厚实、菌盖边缘沟纹较短、菌柄短粗且担孢子窄长（Neville & Poumarat，2004）。

粉褶鹅膏 **Amanita incarnatifolia** Zhu L. Yang

菌盖直径3.5 ~ 8cm，扁半球形至平展；菌盖表面淡灰色、灰色、灰褐色至褐色，中部色较深；菌盖边缘有沟纹（0.2 ~ 0.4*R*）。菌褶粉红色，较密；短菌褶近菌柄端多平截。菌柄长5 ~ 10cm，直径0.5 ~ 1.5cm，菌环之上淡粉红色，在菌环之下白色；菌环着生于菌柄上部，白色至淡灰色；菌幕残余（菌托）袋状，高1.5 ~ 4cm，直径1 ~ 2.5cm，白色。

担子45 ~ 65×11 ~ 16μm，棒状，具4小梗。担孢子（8.5）9.5 ~ 13.5（17）×（6.5）7 ~ 9.5（12）μm [*Q*=（1.18）1.25 ~ 1.53（1.69），***Q***=1.38±0.09]，大多数椭圆形，有时宽椭圆形，非淀粉质。菌托内部主要由不规则至纵向排列的菌丝组成，其间夹杂有较为丰富的膨大细胞。菌环主要由近辐射状排列的菌丝构成。锁状联合常见。

生境 夏秋季生于由高山松（*Pinus armandii*）、云南松（*P. yunnanensis*）以及其他针叶树或阔叶树组成的林中。

分布 日本和中国（江苏、安徽、台湾、四川和云南等省）。

经济价值 可能有毒，应避免采食；树木外生菌根菌。

与相似种的区别 本种与长棱鹅膏（*A. longistriata* S. Imai）十分相似，但后者的菌盖边缘沟纹较长、菌褶较稀且担孢子较宽。本种过去常被误定为*A. spreta* (Peck) Sacc.或*A. spreta* var. *parva* Beardslee，后二者模式标本产于北美，其菌盖边缘沟纹很短、菌褶白色、菌托弱小、担孢子较窄。

长棱鹅膏 **Amanita longistriata** S. Imai

菌盖直径3~7cm，扁半球形至平展；菌盖表面淡灰色、灰色至灰褐色，中部常褐色；菌盖边缘通常有长沟纹（0.3~0.5*R*）。菌褶淡粉红色至粉红色，较稀。菌柄长6~10cm，直径0.5~1.5cm，白色；菌环着生于菌柄中上部，膜质，较小，白色；菌幕残余（菌托）袋状，高1.5~2.5cm，直径1~2cm，白色至污白色。

担子34~48×11~13μm，棒状，具4小梗。担孢子（9）10~12.5（13.5）×（7.5）8~10（10.5）μm [*Q*=（1.14）1.17~1.39（1.44），***Q***=1.26±0.07]，宽椭圆形，非淀粉质。菌柄基部菌幕残余

（菌托）主要由不规则至纵向排列的菌丝组成。菌环主要由近辐射状至不规则排列的菌丝构成。锁状联合常见。

生境 夏秋季于林中地上单生或群生。

分布 韩国、日本和中国（湖北、湖南、广东、海南和陕西等省）。

经济价值 可能有毒；树木外生菌根菌。

与相似种的区别 本种过去常被误定为北美的*A. spreta* (Peck) Sacc.，但后者菌盖边缘的沟纹很短、菌褶白色、菌托弱小、担孢子较窄。

袁氏鹅膏 **Amanita yuaniana** Zhu L. Yang 俗名：老鹰菌 乌鸦菌 麻母鸡

菌盖直径7～13cm，扁半球形至平展，中央不凸起；菌盖表面灰色、灰褐色、褐色至鼻烟褐色，具白色至污白色隐生花斑，并有隐生的辐射状纤丝；菌盖边缘有短沟纹（达0.1*R*）。菌褶白色；短菌褶近菌柄端多平截。菌柄长7～14cm，直径1～2.5cm，白色至淡灰色；菌环着生于菌柄的上部，上表面白色至淡灰色，下表面淡灰色、有纤丝状鳞片；菌幕残余（菌托）袋状至杯状，白色、污白色至淡灰色。

担子48～75×10～13μm，棒状，多具4小梗。担孢子（8.5）9.5～12（13）×（6）6.5～8（9.5）μm [*Q*=（1.27）1.31～1.61（1.74），***Q***=1.45±0.09]，椭圆形，非淀粉质。菌托内部主要由不规则

排列的菌丝组成。菌环主要由近辐射状排列的菌丝组成。锁状联合常见。

生境 夏秋季在由松（*Pinus*）、栎（*Quercus*）等树木组成的针叶林或混交林中地上单生或群生，海拔2000～3000 m。

分布 中国（四川和云南等省）。

经济价值 可食，为西南地区常见野生食用菌；树木外生菌根菌。

与相似种的区别 本种与可食鹅膏（*A. esculenta*）和湖南鹅膏（*A. hunanensis*）十分相似。但是，可食鹅膏的菌盖表面无淡色斑纹，菌柄基部的菌幕残余白色，其中的膨大细胞较少；而湖南鹅膏的菌盖边缘有更长的沟纹，菌柄上有深色鳞片，菌托内部有较多的膨大细胞。

可食的袁氏鹅膏与剧毒的灰花纹鹅膏（*A. fuliginea* Hongo）十分容易混淆，要格外小心。灰花纹鹅膏菌盖边缘无沟纹，短菌褶近菌柄端渐变窄，担孢子球形至近球形、淀粉质，锁状联合阙如。

湖南鹅膏 **Amanita hunanensis** Y. B. Peng & L. H. Liu 俗名：鹧鸪菌

菌盖直径5 ~ 12cm，扁半球形至平展，中央不凸起；菌盖表面灰色至褐色，有浅色隐生斑纹，常被有一至数块破布状污白色菌幕残余；菌盖边缘有沟纹（0.2 ~ 0.3*R*）。菌褶白色；短菌褶近菌柄端多平截；褶缘灰褐色。菌柄长7 ~ 15cm，直径1 ~ 2cm，白色，被蛇皮纹状、灰色至灰褐色鳞片，中空；菌环生于菌柄的上部，上下表面均灰白色；菌幕残余（菌托）袋状至杯状，白色至污白色。

担子44 ~ 65×10 ~ 15μm，棒状，具4小梗。担孢子（8）9.5 ~ 12.5（15.5）×6.5 ~ 8.5（10）μm [*Q*=（1.22）1.29 ~ 1.62（1.71），***Q***=1.47±0.10]，椭圆形，非淀粉质。菌托内部膨大细胞较丰富。锁状联合常见。

生境 夏秋季生于在由马尾松（*Pinus massoniana*）和栎（*Quercus*）等树木组成的针叶林、混交林或纯阔叶林中地上。

分布 中国（安徽和湖南等省）。

经济价值 可食；树木外生菌根菌。

与相似种的区别 本种与可食鹅膏（*A. esculenta* Hongo & I. Matsuda）和袁氏鹅膏（*A. yuaniana* Zhu L. Yang）十分相似。但是，可食鹅膏的菌盖表面无花斑；袁氏鹅膏菌盖边缘的沟纹较短，菌柄上的鳞片颜色较淡，菌托内部膨大细胞较少。可食的湖南

鹅膏必须与剧毒的灰花纹鹅膏（*A. fuliginea* Hongo）严格区分开来。二者的主要区别是前者菌盖边缘有明显沟纹，菌柄基部不膨大，担孢子椭圆形、非淀粉质，而后者菌盖边缘平滑、无沟纹，菌柄基部近球状，担孢子球形至近球形、淀粉质。

可食鹅膏 **Amanita esculenta** Hongo & I. Matsuda

菌盖直径5 ~ 10cm，扁半球形至平展，中央无明显凸起；菌盖表面幼时黑褐色至鼻烟褐色，成熟时变为暗褐色、暗灰色至灰色，有隐生的辐射状纤丝，但无隐生花斑，无菌幕残余；菌盖边缘有短沟纹（约0.1 *R*）。菌褶白色至米色；褶缘暗灰色；短菌褶近菌柄端多平截。菌柄长9 ~ 12cm，直径0.8 ~ 2cm，菌环之上淡灰色，菌环之下白色至淡灰色，有灰色至灰褐色鳞片，中空，基部无球状体；菌环上位，上表面灰色至近黑色、有细小的辐射状沟纹，下表面淡灰色、有纤丝状鳞片；菌幕残余（菌托）袋状，高

3～5cm，直径2～3cm，白色。

担子50～75×12～15μm，棒状，具4小梗。担孢子（9.5）10～12×（7）7.5～9μm [*Q*=（1.22）1.24～1.45（1.57），***Q***=1.35±0.09]，椭圆形，有时宽椭圆形，非淀粉质。菌托主要由不规则排列的菌丝组成，其间夹杂有稀少至局部较丰富的膨大细胞。菌环主要由近辐射状排列的菌丝构成。锁状联合常见。

生境 夏秋季生于松（*Pinus*）、栎（*Quercus*）等树木组成的针叶林或混交林中。

分布 日本和中国（四川和云南）。

经济价值 可食；树木外生菌根菌。

与相似种的区别 本种与湖南鹅膏（*A. hunanensis* Y. B. Peng & L. H. Liu）和袁氏鹅膏（*A. yuaniana* Zhu L. Yang）十分相似，它们三者间可能具有密切的亲缘关系，但湖南鹅膏和袁氏鹅膏菌盖表面有斑纹，而可食鹅膏的菌盖表面无斑纹（今関六也和本郷次雄，1979a）。

窄褶鹅膏 **Amanita angustilamellata** (Höhn.) Boedijn

菌盖直径4～7cm，平展；菌盖表面灰褐色，中央稍下陷且色较深；菌盖边缘有长沟纹（达0.5*R*）。菌褶白色，较稀疏；短菌褶近菌柄端多平截。菌柄长8～12cm，直径0.5～1.5cm，污白色、淡灰色至淡褐色；菌环阙如；菌幕残余袋状，高2～3cm，直径1～2cm，外表面污白色至淡灰色，内表面污白色。

担子46～66×12～17μm，棒状，多具4小梗。担孢子（9）9.5～11（12）×（8）9.5～10.5（11.5）μm [*Q*=1～1.05（1.13），***Q***=1.03±0.03]，球形至近球形，非淀粉质。菌幕残余由不规则排列的菌丝和膨大细胞组成，膨大细胞较丰富。锁状联合阙如。

生境　夏秋季生于热带、亚热带具壳斗科植物的常绿阔叶林中地上。

分布　泰国、新加坡、印度尼西亚和中国（广东、海南和云南等省）。

经济价值　食毒不明；树木外生菌根菌。

与相似种的区别　本种易与灰托鹅膏[*A. vaginata* (Bull.: Fr.) Lam.]相混淆，但后者菌盖边缘沟纹较短，菌褶较密，菌柄多为白色，分布于温带和亚热带。

暗褐鹅膏 **Amanita atrofusca** Zhu L. Yang

菌盖直径5～15cm，扁半球形至平展，中央明显凸起；菌盖表面深褐色至近黑色；菌盖边缘有长沟纹（0.2～0.3*R*），沟纹内侧末端色深呈环状。菌褶初期白色至污白色，成熟后变为污灰色至灰色，不等长；短菌褶近菌柄端多平截；褶缘灰色、淡褐色至深褐色。菌柄长9～20cm，直径0.8～2.5cm，表面污白色，密被灰色、深灰色、深褐色至近黑色的糠麸状至蛇皮纹状鳞片；菌环阙如；菌幕残余（菌托）袋状，外表面污白色、淡灰色至淡褐色，并常有黄褐色小斑，内表面淡褐色至灰褐色。

担子55~90×17~23μm，棒状，具4小梗。担孢子（9.5）11~14.5（15）×（8.5）11~14.5（15）μm [Q=1.0~1.09（1.13），$\mathbf{Q}$=1.04±0.03]，球形至近球形，非淀粉质。菌托内部由不规则排列的菌丝和膨大细胞组成，膨大细胞较丰富至丰富，常含有褐色、淡褐色至灰褐色的胞内色素。锁状联合阙如。

生境　夏秋季生于冷杉（*Abies*）、云杉（*Picea*）和桦木（*Betula*）组成的林中地上。特别是在高山、亚高山针叶林中较为常见。

分布　中国（四川、云南、西藏和甘肃等省区）。

经济价值　食毒不明，应避免采食；树木外生菌根菌。

与相似种的区别　本种酷似褐黄鹅膏[*A. umbrinolutea* (Gillet) Bataille]，但后者菌盖、菌柄及菌褶的颜色较淡，菌托内部的膨大细胞和菌丝大多无色。

褐烟色鹅膏 **Amanita brunneofuliginea** Zhu L. Yang

菌盖直径达5~14cm，扁半球形至扁平，中央稍凸起；菌盖表面暗褐色至褐色或灰褐色；菌盖边缘淡灰褐色并有沟纹（0.2~0.4*R*）。菌褶白色；短菌褶近菌柄端多平截。菌柄长达8~22cm，直径0.5~3cm，上半部白色，被淡灰色丝状鳞片，下半部有时淡灰色；菌环阙如；菌幕残余（菌托）袋状，高2.5~7cm，宽1~3.5cm，外表面白色至污白色，被有淡皮革色至锈褐色斑块状鳞片，内表面白色。

担子46~74×15~23μm，棒状，多具4小梗。担孢子（10）10.5~13（14）×（9）9.5~12（12.5）μm [*Q*=（1.04）1.06~1.24（1.26），***Q***=1.13±0.06]，近球形至宽椭圆形，非淀粉质。菌柄基部菌幕残余（菌托）外表面的斑块状鳞片主要由菌丝组成，菌丝直径3~8μm，薄壁，无色，有时含有淡黄色至淡褐色的胞内色素，夹杂有个别膨大细胞；菌托内部由两层组成：外层由菌丝和膨大细胞构成，菌丝较疏松、不规则排列，膨大细胞丰富；内层主要由较紧密排列的菌丝组成。锁状联合阙如。

生境 夏秋季多生于具有栎（*Quercus*）和冷杉（*Abies*）的亚高山针阔混交林或高山针叶林中地上。

分布 中国（内蒙古、河南、四川、云南、西藏和甘肃等省区）。

经济价值 食毒不明；树木外生菌根菌。

与相似种的区别 本种与褐黄鹅膏[*A. umbrinolutea* (Gillet) Bataille]有相似之处，但后者的菌盖颜色较淡，在菌盖边缘沟纹内侧末端有一深色的环纹，菌托外表面有淡褐色斑纹，担孢子球形至近球形，菌托内部的膨大细胞较少（Yang，1997）。

东方褐盖鹅膏 **Amanita orientifulva** Zhu L. Yang et al.

菌盖直径5 ~ 15cm，中央凸起；菌盖表面中部红褐色至褐色或深褐色，至边缘逐渐变为褐色、红褐色或黄褐色；菌盖边缘有长沟纹（0.2 ~ 0.4*R*）。菌褶白色至米色；短菌褶近菌柄端多平截；褶缘褐色至淡褐色。菌柄长8 ~ 15（20）cm，直径0.5 ~ 3cm，污白色至淡褐色，密被红褐色至灰褐色鳞片；菌环阙如；菌幕残余（菌托）袋状，高（2）4~6（9）cm，直径（1）1.5~5cm，厚1~3mm，外表面白色并有锈色斑，上部边缘常为淡褐色，内侧淡褐色。

担子50 ~ 85×15 ~ 20μm，具4小梗合。担孢子（8.5）10 ~ 14（17）×（8）9.5 ~ 13（16.5）μm [Q=1.0 ~ 1.12（1.23），$\mathbf{Q}$=1.06±0.04]，球形至近球形，非淀粉质。菌幕残余（菌托）由紧密相连的两层组织构成：外层菌丝较多，排列紧密；内层膨大细胞较丰富。锁状联合阙如。

生境　夏秋季生于针叶林[如冷杉（*Abies*）]、针阔混交林[如栎（*Quercus*）、冷杉和杜鹃（*Rhododendron*）]或阔叶林[如栲（*Castanopsis*）]中地上。

分布　韩国和中国（吉林、浙江、

湖南、广东、四川、贵州、云南和西藏等省区）。

经济价值 食毒不明；树木外生菌根菌。

与相似种的区别 本种酷似欧洲的*A. fulva* Fr.，但后者担子体往往较小，菌幕残余（菌托）的外层由疏松、不规则排列的菌丝和膨大细胞组成，内层主要由菌丝组成，菌托外层的膨大细胞比菌托内层的多，担孢子也较小。

卵孢鹅膏 **Amanita ovalispora** Boedijn

菌盖直径4～7cm，扁半球形至扁平，中央不凸起或有时稍凸起；菌盖表面灰色至暗灰色，多平滑，偶有白色菌幕残余；菌盖边缘有长沟纹（0.3～0.5*R*）。菌褶离生，白色，干后常呈灰色或淡褐色；短菌褶近菌柄端多平截。菌柄长6～10cm，直径0.5～1.5cm，白色至淡灰色，上半部常被白色粉末状鳞片；菌环阙如；菌幕残余（菌托）袋状至杯状，高2～4cm，直径1.2～2.5cm，厚1～1.5mm，外表面白色至污白色，内表面白色至灰色。

担子43～57×12～16μm，具4小梗。担孢子（8.0）9～11（12）×（5.5）7～9（9.5）μm [Q=（1.05）1.13～1.38（1.51），$\boldsymbol{Q}$=1.25±0.08]，宽椭圆形至椭圆形，非淀粉质。菌幕残余（菌托）内部由两层构成：外层主要由紧密、或多或少纵向排列的菌丝组成；内层由丰富、疏松、不规则排列的菌丝组成，其间夹杂较丰富或局部丰富的膨大细胞。锁状联合阙如。

生境 夏秋季生于热带及亚热带阔叶林下或暖热性针叶树的林中地上。

分布 印度尼西亚和中国（江苏、江西、台湾、广东、海南和云南等省）。

经济价值 食毒不明；树木外生菌根菌。

与相似种的区别 本种易与假灰托鹅膏（*A. pseudovaginata* Hongo）相混淆，但后者的担子体通常较小，菌盖边缘沟纹较短，菌盖表面常被淡灰色毡状至疣状菌幕残余，菌柄上的鳞片较少，菌托较小，其上半部常带灰色调，担孢子较大。

假灰托鹅膏 **Amanita pseudovaginata** Hongo

菌盖直径3～6cm，扁半球形至扁平，中央有时稍凸起、有时稍凹；菌盖表面灰色、淡灰色，有时有褐色调，边缘色较淡，有时整个菌盖近白色，表面光滑或有毡状、破布状至疣状的淡灰色至污白色菌幕残余；菌盖边缘有较长的沟纹（0.2～0.4*R*）。菌褶白色，干后有时呈淡灰色；短菌褶近菌柄端多平截。菌柄长5～12cm，直径0.5～1.5cm，白色至污白色；菌环阙如；菌幕残余（菌托）袋状至杯状，高1.5～2cm，直径1～2.5cm，厚1～1.5mm，易破碎，外表面白色至污白色，分布有黄褐色斑纹，有时全部或上半部淡灰色，内表面淡灰色，有时近白色。

担子40～65×（12.5）15～17μm，具4小梗。担孢子（8.5）9.5～12.5（14）×（7）8～10.5（11）μm [Q=（1.01）1.05～1.33（1.43），$\mathbf{Q}$=1.19±0.09]，近球形至宽椭圆形，非淀粉质。菌托由两层构成，外层主要由紧密、近纵向排列的菌丝组成；内层膨大细胞较丰富至丰富，不规则排列。锁状联合阙如。

生境 夏秋季生于亚热带林下，见于云南松林、马尾松林或马尾松与栎（*Quercus*）等组成的针阔混交林下。

分布 日本和中国（河南、江苏、湖北、湖南、广西、四川、贵州、云南、西藏、陕西和甘肃等省区）。

经济价值 食毒不明；树木外生菌根菌。

与相似种的区别 本种过去常被误定为灰托鹅膏[*A. vaginata* (Bull.: Fr.) Lam.]或小污白鹅膏（*A. nivalis* Grev.），但后二者的担孢子球形至近球形。在我国，本种酷似卵孢鹅膏（*A. ovalispora* Boedijn），但后者的担子体通常较大，菌盖边缘沟纹较长，菌盖表面常被白色菌幕残余，菌托较大，白色，担孢子较小。

褐黄鹅膏 **Amanita umbrinolutea** (Gillet) Bataille

菌盖直径5～10cm，扁半球形至扁平，中央凸起；菌盖表面灰色、灰褐色至褐黄色，色较深；菌盖边缘有沟纹（0.2～0.4*R*），沟纹内侧末端常有一深色环纹。菌褶离生，白色至污白色，不等长；短菌褶近菌柄端多平截；褶缘淡褐色至灰褐色。菌柄长10～14cm，直径（0.5）1～1.5cm，表面白色至污白色，被淡灰色、淡褐色至灰褐色细小鳞片或纤毛；菌环阙如；菌幕残余（菌托）袋状，高3～5cm，直径1.5～3cm，厚1～2mm，外表面有淡锈褐色至淡褐色小斑，内表面污白色。

担子(45)50～75×14～20μm，具4小梗。担孢子(9)10～13(14)×(8.5)9.5～12(12.5)μm [*Q*=1.0～1.15(1.24)，***Q***=1.08±0.05]，球形至近球形，非淀粉质。菌幕残余（菌托）内部由不规则至或多或少纵向排列的菌丝和膨大细胞组成，菌丝十分丰富，膨大细胞较少至局部较丰富，常有胞内色素。锁状联合阙如。

生境 夏秋季生于松科植物[如云杉属（*Picea*）]组成的林中地上。

分布 欧洲的广大地区都有分布，在亚洲（如巴基斯坦、印度和中国等国）也有。在我国见于山东、广东、四川、贵州和陕西等省。

经济价值 可食；树木外生菌根菌。

与相似种的区别 本种与暗褐鹅膏（*A. atrofusca* Zhu L. Yang）有较近的亲缘关系，但后者菌盖、菌柄及菌褶的颜色较深，菌托内部的膨大细胞和菌丝大都有褐色胞内色素。

暗圈鹅膏 **Amanita sp. 9**

菌盖直径5～8cm，平展，中央平展或稍凸起；菌盖表面中央暗灰褐色至暗褐色，向外逐渐变淡；菌盖边缘有灰褐色沟纹（0.3～0.4*R*），沟纹内侧末端色深呈环状。菌褶离生，白色至污白色，有淡灰色调，不等长；短菌褶近菌柄端多平截；褶缘白色，非深色；菌肉淡灰色至白色。菌柄长12～16cm，直径0.7～1.5cm，表面污白色，被白色细小鳞片或纤毛，菌环阙如；菌幕残余（菌托）袋状，高3～5cm，直径1.5～2.3cm，厚约1mm，外表面白色，内表面污白色至淡灰色或淡褐色。

担子45～60×12～15μm，具4小梗。担孢子9～11×（8）8.5～9.5μm [*Q*=（1.0）1.05～1.19（1.22），***Q***=1.11±0.06]，近球形至宽椭圆形，非淀粉质。菌幕残余（菌托）内部由不规则至或多或少纵向排列的菌丝和膨大细胞组成，菌丝十分丰富，膨大细胞较少至局部较丰富，无色素。锁状联合阙如。

生境 夏秋季生于壳斗科及松科植物组成的林中地上。

分布 主要分布于我国（云南）亚热带地区。

经济价值 食毒不明；树木外生菌根菌。

与相似种的区别 本种酷似褐黄鹅膏[*A. umbrinolutea* (Gillet) Bataille]，但后者菌盖、菌柄及菌幕残余（菌托）的颜色较深，菌托内部的膨大细胞和菌丝大多有褐色胞内色素，担孢子较大。

灰托鹅膏原变种 **Amanita vaginata** (Bull. : Fr.) Lam. var. **vaginata**

菌盖直径3～8cm，扁半球形至平展，中央或多或少凸起；菌盖表面灰色，有时具淡褐色调，至边缘色较淡；菌盖边缘有沟纹（0.1～0.3*R*）。菌褶白色，不等长；短菌褶近菌柄端多平截。菌柄长5～10cm，直径0.5～1.5cm，白色至污白色，近光滑至被淡灰色至淡褐色的纤丝状鳞片；菌环阙如；菌幕残余（菌托）袋状至杯状，高2～4cm，直径1.5～3cm，厚1～2mm，外表面白色至污白色，内表面白色。

担子48～60×13～18μm，具4小梗。担孢子（9）9.5～12（14）×（8.5）9～10.5（13.5）

μm [Q=1.0~1.08(1.12), $\mathbf{Q}$=1.04±0.03], 球形至近球形，非淀粉质。菌幕残余（菌托）内部由不规则至近纵向排列较稀疏的菌丝和膨大细胞组成。锁状联合阙如。

生境　夏秋季生于松科[如高山松（*Pinus densata*）]和壳斗科[如栎（*Quercus* spp.）]植物组成的林中地上。

分布　北非、北美、欧洲和亚洲。在我国分布较广（北京、吉林、江苏、湖南、广东、海南、台湾、四川和云南等省）。

经济价值　有毒，应避免生食；树木外生菌根菌。

与相似种的区别　目前，一般认为，灰托鹅膏原变种的菌盖灰色至灰褐色，菌盖边缘有沟纹，菌柄白色；菌环阙如；菌托内缘着生在菌托外缘内侧下部，担孢子球形至近球形，直径9~13μm。由于灰托鹅膏原变种无命名模式，其内部结构（尤其是菌托的结构）特点没能确定，国内外不少与灰托鹅膏原变种外表相似的种可能都被误定成了灰托鹅膏原变种。值得指出的是，目前将中国的部分标本鉴定为灰托鹅膏原变种，是采用了广义的概念，也是暂时的做法，随着灰托鹅膏原变种命名模式的选定，我国（乃至东亚）的灰托鹅膏或灰托鹅膏原变种可能需要重新进行分类定名。灰托鹅膏原变种酷似卵孢鹅膏（*A. ovalispora* Boedijn）和假灰托鹅膏（*A. pseudovaginata* Hongo），但后二者的担孢子椭圆形、宽椭圆形至球形。

灰托鹅膏白色变种　**Amanita vaginata** var. **alba** (De Seynes) Gillet

本变种与原变种的主要区别在于本变种的菌盖白色至米色，其他部位皆为白色。有时菌托上有不规则分布的淡褐色小斑。

生境　夏秋季生于阔叶林、混交林或针叶林中地上。

分布　北美、欧洲和亚洲。在东亚见于日本和中国（台湾和云南等省）。

经济价值　有毒，应避免生食；树木外生菌根菌。

与相似种的区别　灰托鹅膏白色变种过去常与小污白鹅膏（*A. nivalis* Grev.）相混淆。但是，小污白鹅膏的担子体小型，菌盖直径多在3~5cm，淡灰色、淡褐色至污白色，一般不为白色，菌盖边缘沟纹较短，菌柄较短，多为4～8cm。此外，小污白鹅膏喜低温，在欧洲出现于北极附近或其他高山地区，主要生于山地矮柳（如 *Salix herbacea*）、赤杨（*Alnus*）周围；在我国主要见于西南高山草甸，可能与嵩草（*Kobresia*）及高山蓼（*Polygonum* spp.）形成外生菌根。

小污白鹅膏 **Amanita nivalis** Grev.

菌盖直径3～6.5cm，扁半球形至平展，中央平展至稍凸起；菌盖表面淡灰色、灰褐色、蛋壳褐色至污白色，光滑，有时有污白色至淡灰色的膜状菌幕残余；菌盖边缘有沟纹（0.1～0.4*R*）。菌褶白色，有时淡灰色，干后变为淡褐色；短菌褶近菌柄端多平截；褶缘褐色至灰色。菌柄长4～8cm，直径0.5～1.2（1.5）cm，污白色，被淡灰色、灰色至淡褐色细小鳞片；菌环阙如；菌幕残余（菌托）袋状，高2～3（4）cm，直径1～2（2.5）cm，厚0.5～1.5mm，外表面白色、污白色，上部边缘有时淡灰色，内表面淡灰色。

担子50～78×16～20μm，具4小梗。担孢子（9）10.5～13.5（15.5）×（9）10～13（14.5）μm [***Q***=1～1.14（1.20），***Q***=1.06±0.09]，球形至

近球形，非淀粉质。菌盖表面的菌幕残余由或多或少平周排列至不规则排列的菌丝和膨大细胞构成，膨大细胞较丰富。菌柄基部菌幕残余（菌托）内部由或多或少纵向排列的菌丝和膨大细胞组成，膨大细胞较丰富至丰富。锁状联合阙如。

生境　夏秋季生于林中或高山草甸上。

分布　欧洲如英国、丹麦、芬兰和瑞士的阿尔卑斯山脉等地（Watling，1985，1987）及中国（内蒙古、云南和西藏等省区）。

经济价值　可食；树木或部分草本植物的外生菌根菌。

与相似种的区别　本种易与卵孢鹅膏（*A. ovalispora* Boedijn）、假灰托鹅膏（*A. pseudovaginata* Hongo）、灰托鹅膏[*A. vaginata* (Bull. : Fr.) Lam.]及其白色变种[*A. vaginata* var. *alba* (De Seynes) Gillet]相混淆。与本种的区别在于：卵孢鹅膏担孢子宽椭圆形至椭圆形，菌托由两层组成，其中内层有较为丰富的膨大细胞。假灰托鹅膏的担孢子近球形至宽椭圆形，菌托由两层组成，其中内层有较为丰富的膨大细胞。灰托鹅膏的担子体较大，菌柄较长，菌褶白色，不变为灰色或褐色。灰托鹅膏白色变种的担子体较大，菌盖直径多在5 ~ 8cm，白色至米色，菌柄较长。

蟹红鹅膏 **Amanita pallidocarnea** (Höhn.) Boedijn

菌盖直径4 ~ 8cm，扁半球形至扁平，中央稍凸起；菌盖表面暗灰色至暗褐色，边缘灰色、灰褐色；菌盖边缘有较长的沟纹（0.3 ~ 0.4*R*），有时沟纹内侧末端有一淡色环纹。菌褶蟹红色至肉红色；短菌褶近菌柄端多平截。菌柄长6 ~ 13cm，直径0.5 ~ 1.5cm，近圆柱形，向上渐细，上半部粉红色，被粉红色细小鳞片，下半部色变淡，基部不膨大；菌环阙如；菌幕残余（菌托）菌托袋状，高2 ~ 4cm，宽1.5 ~ 2.5cm，白色。

担子40 ~ 70（80）×12 ~ 18μm，具4小梗。担孢子（8.5）9 ~ 12（14.5）×8 ~ 11（14）μm [*Q*=1.0 ~ 1.16（1.25），***Q***=1.08±0.05]，球形至近球形，非淀粉质。菌幕残余（菌托）内部由菌丝和膨大细胞构成。锁状联合阙如。

生境 夏秋季生于阔叶林中地上。

分布 印度尼西亚和中国（海南）。

经济价值 食毒不明；树木外生菌根菌。

与相似种的区别 本种与描述于欧洲的 *A. vaginata* var. *roseilamellata* Bresinsky在体态方面有相似之处，但后者的菌盖颜色较淡，菌柄白色至淡灰色，担孢子较窄（Bresinsky & Einhellinger，1987）。

杏黄鹅膏 **Amanita** cf. **crocea** (Quél.) Singer

菌盖直径5～11cm，扁半球形至平展，中央稍凸起或有时稍下陷；菌盖表面中央黄褐色至黄灰色，至边缘渐变为污黄色至米黄色；菌盖边缘有沟纹（0.2～0.3*R*）。菌褶白色，幼时有灰色调，较密；短菌褶近菌柄端多平截。菌柄长7～15cm，直径0.7～1.5cm，污白色，被蛇皮纹状、黄褐色至淡色鳞片；菌环阙如；菌幕残余（菌托）袋状，高3～5cm，直径1.5～3cm，厚1～2mm，外表面污白色，有时有淡灰色调或淡褐色斑纹，内表面白色。

担子50~70×15~20μm，棒状，具4小梗。担孢子(8.5)9~12.5(13.5)×(8)8.5~11.5(12)μm [*Q*=1~1.17(1.24)，***Q***=1.08±0.05]，球形至近球形，有时宽椭圆形，非淀粉质。菌幕残余（菌托）内部由不规则至近纵向稀疏排列的菌丝和膨大细胞组成。锁状联合阙如。

生境　夏秋季生于由松科和壳斗科组成的混交林中地上。

分布　中国（云南和西藏等省区）。

经济价值　食毒不明；树木外生菌根菌。

与相似种的区别　本种与原描述于欧洲的*A. crocea* (Quél.) Singer相似，是否为同种，有待进一步研究。

黄边鹅膏 **Amanita hamadae** Nagas. & Hongo

菌盖直径6～8cm，平展，中央明显凸起；菌盖表面淡褐色至褐色，边缘灰黄色至黄色；菌盖边缘有沟纹（0.2～0.5*R*）。菌褶白色至米色，较密，不等长；短菌褶近菌柄端多平截。菌柄长13～17cm，直径1～2cm，白色至淡黄色；基部不膨大，无球状体；菌环阙如；菌幕残余（菌托）袋状，高2～4cm，直径1.5～2cm，厚达1.5mm，外表面白色、污白色至淡黄色，内表面污白。

担子50~60×11~13μm，棒状，具4小梗。

担孢子(9.5)10~13(14)×(7.5)8~9.5(10) μm [*Q*=(1.18)1.18~1.44(1.50), ***Q***=1.32±0.09], 宽椭圆形至椭圆形，非淀粉质。菌幕残余（菌托）内部主要由不规则至近纵向稀疏排列的菌丝组成，其间夹杂有少数至较多的膨大细胞。锁状联合阙如。

生境 夏秋季于针阔混交林中地上单生或群生。

分布 日本和中国（云南、西藏和甘肃等省区）。

经济价值 食毒不明；树木外生菌根菌。

与相似种的区别 本种与褐黄鹅膏[*A. umbrinolutea* (Gillet) Bataille]有相似之处，区别在于后者的菌柄非黄色，担孢子球形至近球形（Nagasawa & Hongo，1984）。

疣托鹅膏 **Amanita verrucosivolva** Zhu L. Yang

菌盖直径7~14cm，扁半球形至平展，中央常有凸起；菌盖表面初期黄色至黄褐色，成熟时橘红色至黄色，边缘淡黄色；菌盖边缘有长沟纹（0.3~0.5*R*）。菌褶白色至米黄色；褶缘淡黄色；短菌褶近菌柄端多平截。菌柄长10~22cm，直径1~2cm，下半部白色至米黄色，被黄色至橘红色蛇皮纹状鳞片，上半部淡黄色至橘黄色；菌环阙如；菌幕残余（菌托）袋状，膜质，高4~8cm，直径2~4cm，厚1~4mm，外表面白色至污白色，被有锥状疣凸，疣凸上部锈褐色至淡褐色，下部色较淡，内表面白色至污白色。

担子50~75×13~21μm，具4小梗。担孢子(9)10~12.5(14)×(8.5)9~12(14) μm [*Q*=1.0~1.08(1.28), ***Q***=1.04±0.03], 球形至近球形，非淀粉质。菌幕残余（菌托）由两层构成，外层（即锥状疣凸）膨大细胞较丰富至丰富；内层主要由不规则至或多或少纵向排列的菌丝组成。锁状联合阙如。

生境 生于由石栎（*Lithocarpus*）、栲（*Castanopsis*）和木兰（*Magnolia*）等属植物组成的亚热带常绿阔叶林中。

分布 中国（湖北和云南等省）。

经济价值 食毒不明；树木外生菌根菌。

与相似种的区别 在鹅膏属中，菌托外表面有疣凸的种并不多见，原初描述于刚果的*A. strobilaceovolvata* Beeli具有类似的特征，但后者菌盖黄褐色，菌柄基部的菌幕残余（菌托）赭色，菌环宿存，担孢子近球形至宽椭圆形（Beeli，1935；Pegler & Shah-Smith，1997）。

绒托鹅膏　**Amanita tomentosivolva** Zhu L. Yang

菌盖直径约5.5cm，扁平至平展，中央稍凸起；菌盖表面褐色至淡灰色，中部色较深；菌盖边缘有长沟纹（0.3*R*），沟纹灰色，在其内侧末端有一深色环纹。菌褶离生，白色；褶缘灰色至淡褐色；短菌褶近菌柄端多平截。菌柄长14cm，直径

0.7~1.2cm，近白色，被灰色、蛇皮纹状鳞片；菌环阙如；菌幕残余（菌托）袋状至杯状，高4.5cm，直径1.5cm，厚达1mm，外表面白色至污白色，被有锈褐色、绒毛状至毡状或疣状鳞片，内表面白色。

担子37~55×13~17μm，具4小梗。担孢子（11）11.5~14×（10.5）11~13.5μm [*Q*=（1.0）1.02~1.07（1.1），***Q***=1.04±0.02]，球形至近球形，非淀粉质。菌幕残余（菌托）由两层构成，外层（即绒状、毡状鳞片）膨大细胞丰富，近球形至卵形或椭圆形，常有淡灰色至褐色胞内色素，其间夹杂有较丰富的菌丝；内层主要由排列紧密的菌丝组成，其间夹杂有个别膨大细胞。锁状联合阙如。

生境 生于有壳斗科植物的南亚热带常绿阔叶林中。

分布 中国（云南）。

经济价值 食毒不明；树木外生菌根菌。

与相似种的区别 在鹅膏属中，菌托外表面有绒毛状至毡状的鳞片，这是十分罕见的。目前仅知描述于南美的*A. lanivolva* Bas具有类似的特征，但后者菌盖橄榄褐色，边缘的沟纹较长，菌托带灰色调，担孢子宽椭圆形至椭圆形，明显较小，锁状联合常见（Bas，1978）。

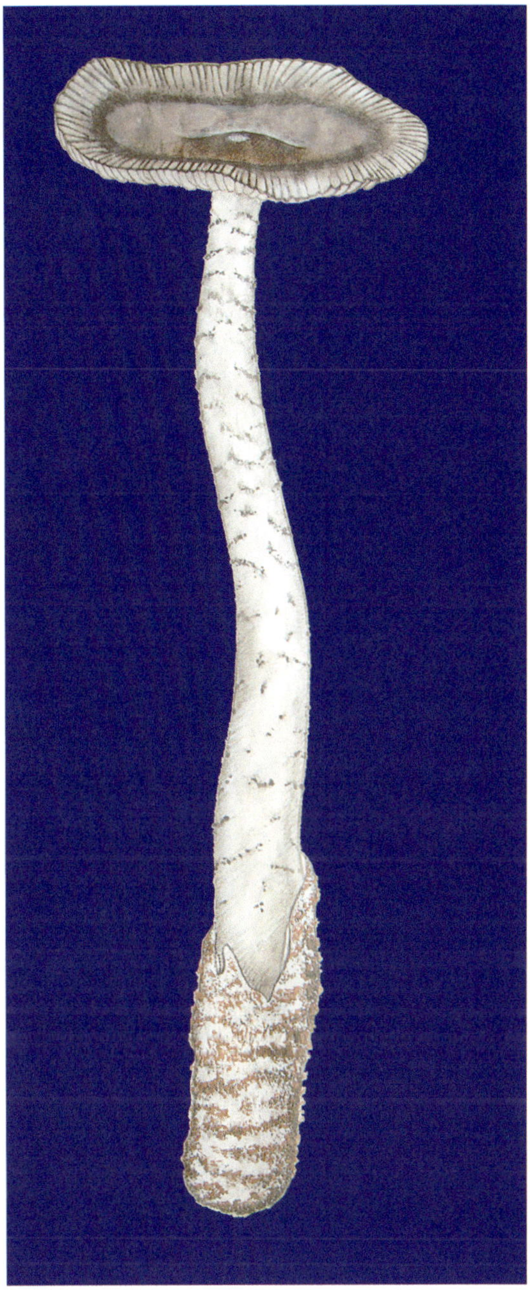

李逵鹅膏 **Amanita liquii** Zhu L. Yang et al. 俗名：黑脸鹅膏

菌盖直径10~14cm，扁半球形至平展，中央稍凸起；菌盖表面深褐色至近黑色，具灰色、深灰色至深褐色的毡状、疣状至不规则的菌幕残余；菌盖边缘具沟纹（0.1~0.3*R*）。菌褶幼时白色至米色，成熟时淡灰色，干后变为深灰色至深褐色；褶缘近黑色至深褐色，干后色更深；短菌褶近菌柄端多平截。菌柄长13～17cm，直径1.5～3cm，白色至淡褐色，被深灰色至近黑色蛇皮纹状鳞片；菌环阙如；菌幕残余（菌托）疣状至近锥状或颗粒状，灰色、深灰色至淡褐色，呈不完整的环带状排列。

担子55～95×16～25μm，棒状，具4小梗。担孢子（11）11.5～15（24）×（9.5）11～14.5（20）μm [Q=1～1.09（1.21），$\boldsymbol{Q}$=1.05±0.04]，球形至近球形，非淀粉质。菌盖表面疣状菌幕残余由近纵向排列的菌丝和膨大细胞构成，毡状菌幕残余由不规则排列的菌丝和膨大细胞构成。菌柄基部的菌幕残余结构与菌盖表面的相似，但菌丝和膨大细胞排列不规则。锁状联合阙如。

生境 主要生于高山、亚高山针叶林下。

分布 中国（台湾、四川、云南和西藏等省区）。

经济价值 食毒不明；树木外生菌根菌。

与相似种的区别 本种与产于欧洲的圈托鹅膏[*A. ceciliae* (Berk. & Broome) Bas]有相似之处，但后者的菌盖黄褐色、红褐色至灰褐色或橄榄褐色，其表面的菌幕残余颜色较淡（淡灰色至淡褐色），菌褶白色和褶缘白色，干后不变为灰色或褐色，菌柄表面的鳞片颜色较淡，菌柄基部的菌幕残余常呈一环带，担孢子稍小（Yang et al.，2004）。

灰褶鹅膏 **Amanita griseofolia** Zhu L. Yang

菌盖直径3～7（9）cm，扁半球形至平展，中央无凸起或稍凸起；菌盖表面灰色、暗灰色至褐灰色，具灰色至深灰色易脱落的粉质颗粒状至毡状菌幕残余；菌盖边缘具沟纹（0.2～0.5R）。菌褶幼时污白色，成熟时淡灰色；褶缘色较深，干后变为灰色至深灰色；短菌褶近菌柄端多平截。菌柄长（6）8～16cm，直径0.5～1.5cm，细长，白色至污白色，下半部被灰色纤丝状鳞片，上半部被灰色粉末状鳞片，内部空心，基部不膨大，无球状体；菌环阙如；菌幕残余（菌托）灰色至深灰色粉质，排列不规则或有时呈带状。

担子45~70×15~20μm，棒状，具4小梗。担孢子（9.5）10~13.5（16.5）×（8.5）9.5~13（15）μm [Q=1.0~1.1（1.18），$\boldsymbol{Q}$=1.04±0.03]，球形至近球形，非淀粉质。菌盖表面菌幕残余由近纵向排列至不规则排列的菌丝和膨大细胞构成，膨大细胞非常丰富。锁状联合阙如。

生境 生于由栎（*Quercus*）、石栎（*Lithocarpus*）、松树（*Pinus*）及云杉（*Picea*）等属植物组成的林中地上。

分布 韩国和中国（广东、台湾和云南等省）。

经济价值 可食；树木外生菌根菌。

与相似种的区别 在我国，本种过去常定名为*A. inaurata* Secr.、*A. strangulata* (Fr.) Quél.或*A. ceciliae* (Berk. & Broome) Bas。在欧洲，前两个种名现一般不再使用（Bas，1984），欧洲的*A. ceciliae*菌柄粗壮，菌盖常带黄色调，菌盖菌肉较厚，菌褶白色，干后不变为灰色，菌幕残余（菌托）常呈环带状；菌盖表面的菌幕残余中菌丝较多（Yang，2004）。

缠足鹅膏 **Amanita cinctipes** Corner & Bas

菌盖直径5 ~ 7cm，扁半球形至平展，中央有时稍凸起；菌盖表面灰色、暗灰色至褐灰色，具灰色至深灰色易脱落的粉质疣状至毡状菌幕残余；菌盖边缘具沟纹（0.3 ~ 0.4*R*）。菌褶白色至淡灰色；短菌褶近菌柄端多平截。菌柄长6 ~ 13cm，直径0.5 ~ 1.5cm，细长，污白色至淡灰色，下半部被灰色纤丝状至绒状鳞片，上半部被灰色粉末状鳞片，内部空心，基部不膨大，无球状体；菌环阙如；菌幕残余（菌托）灰色至深灰色，不规则至环带状排列。

担子35~55×10~15μm，棒状，具4小梗。担孢子8~11.5×8~10.5μm [*Q*=1.0~1.1（1.15），**Q**=1.05±0.03]，球形至近球形，非淀粉质。菌盖表面菌幕残余由近纵向排列至不规则排列的菌丝和膨大细胞构成，膨大细胞非常丰富。锁状联合阙如。

生境 生于由壳斗科等阔叶树组成的林中地上。

分布 马来西亚、新加坡和中国（台湾、广东和海南等省）。

经济价值 可食；树木外生菌根菌。

与相似种的区别 本种与灰褶鹅膏（*A. griseofolia* Zhu L. Yang）相似，主要区别在于后者生于针阔混交林中，担子及担孢子较大。

椭孢缠足鹅膏 Amanita sp. 10

菌盖直径约6cm，平展；菌盖表面中央灰褐色，至边缘逐渐变为淡褐灰色，具灰色至深灰色毡状至破布状菌幕残余；菌盖边缘具沟纹（0.3～0.4*R*）。菌褶离生，白色；短菌褶近菌柄端多平截。菌柄长8cm，直径0.3～0.8cm，上半部污白色至淡灰色，被污白色至淡灰色粉末状鳞片，下半部灰色至淡灰色，被灰色纤丝状鳞片，内部空心，基部不膨大，无球状体；菌环阙如；菌幕残余（菌托）灰色至深灰色，不规则至环带状排列。

担子35～50×10～14μm，棒状，具4小梗。担孢子8.5～11×7～9μm [*Q*=1.13～1.2（1.27），***Q***=1.18±0.05]，宽椭圆形，有时近球形，非淀粉质。菌盖表面菌幕残余由近纵向排列至不规则排列的菌丝和膨大细胞构成，膨大细胞非常丰富。锁状联合阙如。

生境 生于由壳斗科等阔叶树组成的林中地上。

分布 中国（广东）。

经济价值 可食；树木外生菌根菌。

与相似种的区别 本种与缠足鹅膏（*A. cinctipes* Corner & Bas）相似，主要区别在于后者担孢子球形至近球形。

雀斑鳞鹅膏 **Amanita avellaneosquamosa** (S. Imai) S. Imai

菌盖直径4～8cm，扁半球形至平展，中央无凸起或有时稍凸起；菌盖表面污白色，被淡褐色至褐色、破布状或纤丝状菌幕残余；菌盖边缘沟纹较长（0.1～0.3*R*），有时有絮状物。菌褶白色，干后常为淡灰色、灰褐色、淡褐色至巧克力褐色，较稀疏，不等长；短菌褶近菌柄端多平截。菌柄长7～12cm，直径0.8～2cm，白色至污白色，被絮状小鳞片；菌环易破碎，常呈细小鳞片残存于菌柄上部；菌幕残余（菌托）袋状，肉质，高2～4（6）cm，直径1.5～3（5）cm，厚1～3mm，外表面污白色，内表面近白色。

担子35～56×10～12μm，棒状，具4小梗，常有黄褐色的内含物。担孢子（8）9～11（12.5）×（5）5.5～7（7.5）μm [*Q*=（1.31）1.43～1.87（2.0），***Q***=1.65±0.14]，椭圆形至长椭圆形，淀粉质，无色透明或有时有淡黄色至淡褐色颗粒状内含物。菌托内部由菌丝和膨大细胞组成，菌丝丰富，不规则至纵向紧密排列，膨大细胞较丰富至丰富，卵状至椭圆形，通常单个顶生。锁状联合阙如。

生境 夏秋季生于具有松属（*Pinus*）植物[如云南松（*P. yunnanensis*）]或壳斗科植物的林中地上。

分布 日本和中国（江苏、湖北、湖南、台湾、广东、海南、四川和云南等省）。

经济价值 有毒；树木外生菌根菌；药用菌（应建浙等，1987）。

与相似种的区别 本种与显鳞鹅膏[*A. clarisquamosa* (S. Imai) S. Imai]和*A. volvata* (Peck) Lloyd十分相似。在研究了这三个种的模式或权威标本之后，Yang（1997）和Weiβ等（1998）认为宜将它们作为独立的种处理。*A. volvata*的担子体受伤后变为红褐色，亚子实层较厚，菌幕内层绒状至近丝状，由大量疏松且不规则排列的梭形、宽棒状至椭圆形的膨大细胞组成，担孢子较大（Yang，1997）。显鳞鹅膏的菌盖边缘沟纹较短，菌褶较密，担孢子较大。

显鳞鹅膏　**Amanita clarisquamosa** (S. Imai) S. Imai

菌盖直径4～10cm，扁半球形至平展，中央一般无凸起；菌盖表面污白色，中央带黄褐色调，被灰褐色、淡褐色、褐色，破布状或膜状至纤丝状菌幕残余；菌盖边缘常有絮状物，沟纹短浅（0.1～0.2*R*）。菌褶白色，干后常为淡灰色、灰褐色、淡褐色至巧克力褐色，较密至密集，不等长；短菌褶近菌柄端多平截。菌柄长6～13cm，直径1～2cm，近圆柱形或向上稍变细，白色，上半部被有灰褐色糠麸状至絮状鳞片；菌环易破碎，常呈污白色至灰褐色膜状粉末状鳞片残存于菌柄上半部；菌幕残余（菌托）袋状，肉质，高4～6cm，直径2～4（5）cm，厚2～9mm，与菌柄基部相连，外表面白色至污白色，内表面污白色。

担子40～60×10～12（14）μm，具4小梗，常有黄褐色至淡灰色的内含物。担孢子（9.5）10～13.5（14）×（5.5）6～7μm [*Q*=1.54～2.08（2.17），***Q***=1.82±0.19]，椭圆形至长椭圆形，淀粉质，无色透明或有淡黄色至淡褐色颗粒状内含物。菌托内部主要由不规则至纵向排列的菌丝组成。锁状联合阙如。

生境　夏秋季生于具有壳斗科和松科植物的林下地上。

分布　日本和中国（江苏、福建、广东、四川、贵州和云南等省）。

经济价值　有毒；树木外生菌根菌。

与相似种的区别　本种酷似北美的*A*.

volvata (Peck) Lloyd，但后者担子体受伤后变为明显的红褐色，亚子实层较厚，菌幕内层绒状至近丝状，由大量梭形、宽棒状至椭圆形的膨大细胞组成，它们疏松且不规则排列，担孢子较小（Yang，1997）。与雀斑鳞鹅膏[*A. avellaneosquamosa* (S. Imai) S. Imai]不同之处在于，本种的菌盖边缘沟纹较短，菌褶较密，担孢子较大。

拟卵盖鹅膏 **Amanita neoovoidea** Hongo

菌盖直径7～18cm，扁半球形至平展，中央一般无明显凸起；菌盖表面白色至米黄色，常覆被有菌幕残余，菌幕残余外层膜状、灰色至赭色，内层粉末状、或多或少白色；菌盖边缘常有白色至米黄色絮状物，无沟纹。菌褶白色至米黄色，干后淡赭色至淡褐色；短菌褶近菌柄端渐窄。菌柄长7～20cm，直径1～3cm，白色至污白色，被白色絮状至粉末状鳞片；菌环上位，膜质，白色，易破碎消失；菌柄基部腹鼓状、梭形至白萝卜状，其上部有淡黄色至赭色菌幕残余（菌托），呈破布状或不完整的环带状，或卷边状，或有时几乎无菌幕残余。

担子30～48×8～11μm，具4小梗。担孢子(6.5)7～9.5(12.5)×5～6.5(7.5)μm [*Q*=(1.2)1.30～1.63(1.73)，***Q***=1.46±0.11]，椭圆形，淀

粉质。菌盖表面的菌幕残余由两层构成：外层菌丝丰富，膨大细胞较少；内层粉末状，膨大细胞丰富，菌丝相对较少。锁状联合阙如。

生境 夏秋季生于针叶林或针阔混交林中地上。它可能与松（*Pinus*）、栲（*Castanopsis*）、栎（*Quercus*）及石栎（*Lithocarpus*）等属植物形成外生菌根。

分布 韩国、尼泊尔、日本和中国（江西、湖南、广东、广西、四川和云南等省区）。

经济价值 有毒；树木外生菌根菌。

与相似种的区别 本种与*A. ovoidea* (Bull.) Link和*A. duplex* Corner & Bas相似。但是，描述于欧洲的*A. ovoidea*菌盖上通常无膜质菌幕，菌柄基部有袋状、较高的菌托，担孢子较大；描述于新加坡的*A. duplex*菌盖表面的菌幕残余外层膜质近白色、内层粉末状褐灰色，菌托白色，担孢子较小。

臧氏鹅膏 **Amanita zangii** Zhu L. Yang et al.

菌盖直径5～6cm，扁半球形至平展，中央无凸起或有时稍凸起；菌盖表面白色至米色，被有菌幕残余；菌幕残余褐灰色、暗灰色至近黑色，近锥状或疣状、毡状至近纤毛状；菌盖边缘常有絮状物，无沟纹；菌肉白色，不变色。菌褶白色；短菌褶近菌柄端渐窄。菌柄长6～8cm，直径0.8～1.2cm，近圆柱形，带白色至米色，被有纤丝状至絮状鳞片；菌环顶生至近顶生，白色，易破碎；菌柄基部近棒状，稀近球形，直径1.5～2cm，在其上半部被有白色至灰色粉末状至絮状菌幕残余。

担子30～50×9.5～12μm，具4小梗。担孢子（7.5）8.5~11.5（12）×6.5~8（9）μm [*Q*=（1.25）1.29~1.57（1.69），***Q***=1.41±0.09]，椭圆形，淀粉质。菌盖表面菌幕残余中的菌丝和膨大细胞或多或少呈纵向排列，且膨大细胞丰富，多为长椭圆形至近梭形或近圆柱形（50～100×25～40μm），有时近球形至卵形（20～50×18～40μm），近无色透明或含有淡褐色至淡灰色胞内色素；菌丝较多至稀少。锁状联合阙如。

生境 夏秋季生于热带林中地上。

分布 日本和中国（福建和海南等省）。

经济价值 食毒不明；树木外生菌根菌。

与相似种的区别 本种酷似原描述于北美的*A. hesleri* Bas，但后者的担子体较大，菌盖菌幕残余中的膨大细胞较大，担孢子较长。本种与原描述于英国的*A. inopinata* D.A. Reid & Bas也相似，但后者菌褶橙红色，菌环灰色，菌柄污橙红色至黄褐色，菌盖菌幕残余中的膨大细胞较小、较长，锁状联合常见（Reid，1987）。

Cai 等（2014）研究发现，臧氏鹅膏和*A. hesleri*的系统位置非常特殊，它们可能是檐托鹅膏组（sect. *Phalloideae*）的基部类群，不含鹅膏毒肽类、鬼笔毒肽类等毒素。为便于查阅，在本书中根据形态特征暂时将其置于鳞鹅膏组中。

黄鳞柱柄鹅膏 **Amanita flavofloccosa** Nagas. & Hongo

菌盖直径5~13cm，扁平至平展；菌盖表面污白色、淡褐色至淡黄褐色，边缘色较淡，密被菌幕残余；菌幕残余淡黄色、淡黄褐至黄褐色的粉末状、絮状至颗粒状；菌盖边缘常悬垂有絮状物，无沟纹；菌肉白色，伤变黄色，有臭味。菌褶白色至淡黄色；短菌褶近菌柄端渐窄。菌柄长10~20cm，直径0.8~1.5cm，圆柱形，污白色至淡黄色，密被黄色至黄褐色絮状鳞片；菌环上位，膜质，淡黄色至黄褐色，上表面常有辐射状细沟纹，边缘或下表面常有黄褐色颗粒，易消失；菌柄基部近白色，稍膨大至窄棒状，直径1~1.5cm。

担子30~40×8~11μm，棒状，具4小梗。担孢子6.5~9×6~9μm [*Q*=（1.0）1.04~1.15（1.25），***Q***=1.09±0.06]，球形至近球形，表面平滑，淀粉质。菌盖表面的菌幕残余由菌丝和膨大细胞构成：膨大细胞十分丰富，梭形至椭圆形；菌丝较少至丰富。锁状联合在担子体各部位都有，但在担子基部横隔上较常见。

生境　夏秋季生于亚热带林中地上。

分布　日本和中国（四川）。

经济价值　食毒不明；是否为外生菌根菌有待研究。

与相似种的区别　本种与*A. nauseosa* (Wakef.) D.A. Reid十分相近，但本种颜色偏黄，菌环膜质（Nagasawa & Hongo, 1984）。

臭味鹅膏 **Amanita** cf. **praegraveolens** (Murrill) Singer

菌盖直径5~12cm，扁半球形至平展；菌盖表面污白色至淡褐色，被有菌幕残余；菌幕残余龟裂至破布状，褐色至淡褐色；菌盖边缘常有絮状物，无沟纹；菌肉白色，受伤后不变色。菌褶奶油色至淡黄色；短菌褶近菌柄端渐窄。菌柄长6~15cm，直径0.8~2cm，近圆柱形，污白色至淡褐色；菌环顶生，膜质，奶油色；菌柄基部稍膨大，被有污白色至淡褐色细小菌幕残余。菌肉有臭味。

担子38~45×9~10μm，具4小梗。担孢子8~9×6.5~7.5μm [*Q*=1.13~1.30，***Q***=1.23±0.06]，近球形至宽椭圆形，淀粉质。菌盖上的菌幕残余由或多或少近垂直的菌丝和膨大细胞构成：膨大细胞丰富，椭圆形至梭形，50~100×25~40μm，常2~3个前后相连，近无色，有时含有黄褐色胞内色素；菌丝较丰富，夹杂在膨大细胞之间。锁状联合常见。

生境 夏秋季生于草地上。

分布 中国（台湾）。

经济价值 食毒不明。

与相似种的区别 本种与*A. praegraveolens* (Murrill) Singer很相似，后者原描述于美国佛罗里达，具有恶臭气味（Bas，1969）。

变黄鹅膏 **Amanita alboflavescens** Hongo

菌盖直径4～9cm，扁半球形至平展；菌盖表面白色至污白色，伤变黄色，被有菌幕残余；菌幕残余污白色至淡灰色的絮状、颗粒状至破布状；菌盖边缘常有絮状物，无沟纹；菌肉白色，受伤后变为淡黄色至黄色，有特殊臭味。菌褶白色至米黄色，受伤后变为黄色；短菌褶近菌柄端平截至渐窄。菌柄长6～9cm，直径0.5～1.5cm，白色，伤变黄色，被有污白色小鳞片；菌环白色，伤变黄色，易破碎消失；菌柄基部膨大，近梭形，直径1.5～2.5（3）cm，在其上半部或被有膜质、破布状菌幕残余，或近光滑。

担子35～40×9～12μm，棒状，具4小梗。担孢子（7.5）8～11（12.5）×4.5～5.5（7）μm [*Q*=（1.28）1.45～2.0（2.30），***Q***=1.78±0.20]，长椭圆形至椭圆形，淀粉质。菌盖上的菌幕残余由疏松、不规则排列的膨大细胞和菌丝构成：膨大细胞十分丰富，菌丝较少至较丰富。菌柄基部的菌幕残余结构与菌盖上的相似。菌环中膨大细胞丰富。锁状联合阙如。

生境 夏秋季生于由松属（*Pinus*）和壳斗科植物构成的针阔混交林中地上。

分布 韩国、日本和中国（云南）。

经济价值 食毒不明；树木外生菌根菌。

与相似种的区别 本种酷似北美的*A. crassifolia* Bas，但后者的菌褶较厚，锁状联合常见（Jenkins，1986）。

赤脚鹅膏 **Amanita gymnopus** Corner & Bas

菌盖直径5.5～11cm，扁平至平展；菌盖表面白色、米色至淡褐色，被有菌幕残余；菌幕残余近淡黄色、淡褐色至褐色的破布状至碎屑状；菌盖边缘常有絮状物，无沟纹；菌肉白色，伤后缓慢变为淡褐色至褐色，有硫黄气味或稍辣。菌褶离生，米色至淡黄色，成熟时为黄褐色；短菌褶近菌柄端渐窄。菌柄长7～13cm，直径0.7～2cm，污白色至淡褐色，近光滑；菌环顶生至近顶生，膜质，白色至米色；在菌环的下部有时有一小菌环；菌柄基部宽棒状至近球形，直径1.5～3cm，白色至污白色，在其上部有时有粉末状至近鳞片状的饰物，无明显的菌幕残余，下部近光滑。

担子40～50×8～11μm，具4小梗。担孢子6～8.5×（5）5.5～7.5μm [Q=（1.03）1.07～1.24（1.42），$\boldsymbol{Q}$=1.14±0.08]，近球形至宽椭圆形，淀粉质。菌盖上的菌幕残余主要由不规则排列的菌丝构成，其间夹杂有少数膨大细胞。锁状联合常见。

生境 夏秋季生于阔叶林或针阔混交林中地上。

分布 马来西亚、日本和中国（湖南、台湾、广东和云南等省）。

经济价值 可能有毒；树木外生菌根菌。

与相似种的区别 本种与原描述于澳大利亚的*A. ochrophylla* (Cooke & Massee)

Cleland有较近的亲缘关系，但后者菌柄基部无根状菌索，菌幕残余中膨大细胞较多，担孢子明显较大（Bas，1969；Reid，1980；Wood，1997）。

屑鳞鹅膏 **Amanita** cf. **gymnopus** Corner & Bas

菌盖直径9 ~ 12cm，半球形至平展；菌盖表面中央淡褐色，至边缘渐变为米色至污白色，被有菌幕残余；菌幕残余近淡黄色、淡褐色至褐色的破布状至碎屑状、易脱落；菌盖边缘常有絮状物，无沟纹；菌肉白色，伤后缓慢变为粉红色至淡褐色。菌褶离生，幼时白色至米色，成熟时奶油色；短菌褶近菌柄端渐窄。菌柄长10 ~ 13cm，直径1.4 ~ 2cm，污白色，被褐色至红褐色鳞片；菌环上位，膜质，白色；菌柄基部近球形，直径4 ~ 5cm，白色至污白色，在其上部被有细小的、褐色至红褐色的颗粒状菌幕残余。

担子40 ~ 50 × 9 ~ 11μm，具4小梗。担孢子（7.5）8.5 ~ 10（10.5）×（5）5.5 ~ 6.5（7.5）μm [*Q*=（1.31）1.33 ~ 1.73，***Q***=1.54 ± 0.12]，椭圆形，有时长椭圆形，淀粉质。菌盖上的菌幕残余主要由不规则排列的菌丝构成，其间夹杂有较多近梭形至近球形的膨大细胞。锁状联合在担子体各部位都有，但在担子基部横隔上较常见。

生境 夏秋季生于阔叶林中地上。

分布 中国（广东）。

经济价值 可能有毒；树木外生菌根菌。

与相似种的区别 本种与赤脚鹅膏（*A. gymnopus* Corner & Bas）相似，但后者菌柄基部几乎无菌幕残余，宽棒状至近球形，较小。

黄褶鹅膏 Amanita sp. 11

菌盖直径8cm，近平展；菌盖表面白色至污白色，被菌幕残余；菌幕残余豆沙色至褐色，疣状、毡状至絮状；菌盖边缘常有絮状物，无沟纹；菌肉白色，伤后缓慢变为褐色，有硫黄气味或稍辣。菌褶离生至近离生，淡黄色至柠檬黄色；短菌褶近菌柄端渐窄；褶缘白色。菌柄长8cm，直径1.2～1.5cm，近圆柱形或向上稍变细，表面污白色，上部（菌环之上）白色至米色、近光滑，中部被污白色纤丝状鳞片，下部被淡灰色、灰色至褐灰色纤丝状鳞片；菌环上位至近顶生，膜质，上表面白色至米色并有辐射状细沟纹，下表面白色至米色，在菌盖伸展中易撕裂而消失；菌柄基部近球形，直径3cm，白色至污白色，在其上部被豆沙色至褐色的毡状至粉末状菌幕残余。

担子47～60×11～14μm，具4小梗。担孢子10～11.5（13）×6～7.5（8）μm [*Q*=（1.4）1.43～1.83（1.86），***Q***=1.55±0.14]，椭圆形至长椭圆形，淀粉质。菌盖上的菌幕残余主要由不规则排列的菌丝构成，其间夹杂有大量近梭形至椭圆形的膨大细胞，有时也有球形至近球形的膨大细胞。锁状联合常见。

生境 夏秋季生于阔叶林或针阔混交林中地上。

分布 中国（湖北）。

经济价值 食毒不明；树木外生菌根菌。

与相似种的区别 本种与赤脚鹅膏（*A. gymnopus* Corner & Bas）和屑鳞鹅膏（*A.* cf.

gymnopus Corner & Bas）有相似之处。但是，赤脚鹅膏担孢子较小、近球形至宽椭圆形，在菌盖表面菌幕残余中很少有近梭形至椭圆形的膨大细胞；屑鳞鹅膏被有近淡黄色、淡褐色至褐色的破布状至碎屑状、易脱落的菌幕残余，担孢子较小。

假黄乳鹅膏 **Amanita** cf. **xanthogala** Bas

菌盖直径8～12cm，扁半球形至平展；菌盖表面污白色、土黄色至红褐色，被菌幕残余；菌幕残余红褐色，粉末状至颗粒状；菌盖边缘常悬垂有絮状物，无沟纹；菌肉切开后有乳汁样至水样物流出。菌褶离生至近离生，淡黄色至硫黄色；短菌褶近菌柄端平截至渐窄。菌柄长10～14cm，直径2～3cm，污白色，伤变黄色，密被红褐色粉末状至颗粒状鳞片，菌环之上近光滑，白色至淡土红色；菌环近顶生，膜质，红褐色，易碎；菌柄基部膨大呈棒状，直径约3.5cm，在膨大部分被有红褐色至污白色粉末状至颗粒状菌幕残余。

担子35～40×7～8.5μm，具4小梗；菌褶菌髓中油质菌丝丰富。担孢子7.5～9（10）×4.5～5.5（6）μm [Q=1.55～1.80（1.89），$\boldsymbol{Q}$=1.67±0.09]，椭圆形至长椭圆形，淀粉质。菌盖上的菌幕残余由或多或少纵向排列至不规则排列的菌丝和膨大细胞构成：膨大细胞十分丰富，近球形至卵形（10～60×10～40μm），有时椭圆形（20～60×15～30μm），常2～4个连成念珠状；菌丝较少至较丰富，夹杂在膨大细胞之间，直径2～8μm。锁状联合常见。

生境 夏秋季生针阔混交林中地上。

分布 中国（云南）。

经济价值 食毒不明；树木外生菌根菌。

与相似种的区别 本种与黄乳鹅膏（*A. xanthogala* Bas）相似，但后者担子及担孢子较大（Bas，1969）。

本乡鹅膏 **Amanita hongoi** Bas

菌盖直径7～15cm，扁半球形至平展；菌盖表面中央淡褐色、污黄色至淡黄褐色，至边缘渐变为白色至污白色，被有菌幕残余；菌幕残余污白色、淡褐色、污黄色至淡黄褐色，圆锥状、角锥状至近疣状，高1～3mm，基部宽1～3mm，至菌盖边缘渐变小、变淡；菌盖边缘常悬垂有絮状物，无沟纹；菌肉白色，受伤后不变色。菌褶白色至米黄色；短菌褶近菌柄端渐窄。菌柄长8～15cm，直径0.5～3cm，白色至污白色，被白色至淡褐色、近蛇皮纹状至环带状排列的细小鳞片；菌环顶生至近顶生，白色至米色，膜质，上表面有辐射状细沟纹，下表面有疣凸，在菌盖伸展中菌环常撕破而悬垂于菌盖边缘或破碎消失，偶宿存；菌柄基部腹鼓状至近球形，直径1.5～4（6）cm，在其上半部被有白色、污白色至淡褐色的疣状至锥状菌幕残余。

担子38～55×8～12μm，具4小梗。担孢子（7）7.5～9.5（11）×（6）6.5～8（9.5）μm [*Q*=（1.0）1.06～1.31（1.43），***Q***=1.16±0.08]，近球形至宽椭圆形，淀粉质。菌盖上的菌幕残余由近纵向排列的菌丝和膨大细胞构成：膨大细胞十分丰富，近球形、卵形至短椭圆形，常连成念珠状，无色至近无色，有时含有淡黄色至淡褐色胞内色素，在菌幕残余上半部的膨大细胞中常有反光强烈的内含物；菌丝稀少至较丰富，夹杂在膨大细胞之间；油质菌丝在菌幕残余上半部较为常见。锁状联合阙如。

生境 夏秋季生于以壳斗科植物为主的阔叶林或以松属（*Pinus*）植物为主的针阔混

交林中地上。

分布 韩国、日本和中国（福建、台湾、广东和云南等省）。

经济价值 可能有毒；树木外生菌根菌。

与相似种的区别 本种酷似原描述于新加坡的*A. perpasta* Corner & Bas，但后者菌盖上的菌幕残余高达9mm，直径达5mm，顶端锈褐色，且担孢子较小（Corner & Bas，1962；Bas，1969；今関六也等，1988）。在我国，本种易与锥鳞白鹅膏（*A. virgineoides* Bas）及粗鳞鹅膏（*A. castanopsis* Hongo）相混淆，但是锥鳞白鹅膏的担子体各部位皆为白色，担孢子宽椭圆形至椭圆形，锁状联合常见；粗鳞鹅膏的菌盖被有的菌幕残余白色至污白色、较大，担孢子椭圆形至长椭圆形，锁状联合常见。

粗鳞鹅膏 **Amanita castanopsis** Hongo

菌盖直径5～11（16）cm，扁半球形至平展；菌盖表面白色，被有菌幕残余；菌幕残余圆锥状至角锥状，白色至污白色，有时顶端干后或多或少带有灰色至褐色调，高（1）2～5mm，基部宽（1）2～8（10）mm，至菌盖边缘渐变小；菌盖边缘常有絮状物，无沟纹；菌肉白色，受伤后不变色。菌褶白色；短菌褶近菌柄端渐窄。菌柄长7～12（16）cm，直径1～2.5cm，白色；菌环易破碎消失；菌柄基部腹鼓状、白萝卜状至假根状，直径2～4cm，在其上半部被有白色疣状至近锥状菌幕残余，排列成不完整的环带状。

担子45～65×11～15μm，棒状，具4小梗。担孢子（8.5）9～11（12.5）×（4.5）5～6.5μm [*Q*=（1.50）1.54～2.02（2.44），***Q***=1.81±0.18]，椭圆形至长椭圆形，淀粉质。菌盖上的菌幕残余由近纵向排列的菌丝和膨大细胞构成：膨大细胞丰富，菌丝较丰富。锁状联合常见。

生境 夏秋季生于阔叶林中地上。它可能与壳斗科植物形成外生菌根。

分布 韩国、日本和中国（海南和云南等省）。

经济价值 食毒不明；树木外生菌根菌。

与相似种的区别 本种与锥鳞白鹅膏

（*A. virgineoides* Bas）较为相似，但后者担子体往往较大，菌盖表面的菌幕残余较小，担孢子宽椭圆形至椭圆形。本种与欧洲的*A. solitaria* (Bull.: Fr.) Fr.和东南亚的*A. virginea* Massee也容易相混淆，但*A. solitaria*的菌盖污白色至淡黄色或淡灰色，其表面被有的菌幕残余锥状、细小，菌褶草绿色，菌环膜质，担孢子较宽；而*A. virginea*的担孢子近球形至宽椭圆形，菌幕残余主要由膨大细胞构成，菌丝稀少（Corner & Bas，1962；Bas，1969）。

翘鳞鹅膏 **Amanita eijii** Zhu L. Yang

菌盖直径6～13cm，扁半球形至平展；菌盖表面白色至污白色，中部淡粉红色、红褐色至淡褐色，被菌幕残余；菌盖菌幕残余圆锥状至角锥状，污白色、淡粉红色至淡褐色，高1～3.5mm，基部宽2～3mm，至菌盖边缘渐变小；菌盖边缘常悬垂有絮状物，无沟纹；菌肉白色，但成熟后受伤变淡粉红色。菌褶白色至米黄色，受伤很慢地变为淡粉红色或淡褐色；短菌褶近菌柄端渐窄。菌柄长5～13cm，直径1～2cm，与菌盖同色；菌环近顶生，膜质至厚膜质，白色，上表面常有辐射状细沟纹，边缘或下表面常有淡褐色至污白色颗粒；菌柄基部棒状、腹鼓状至卵形，直径1～2.5cm，在其上半部及菌柄下半部被有淡粉红色至淡褐色的反卷鳞片，排列成不规则的同心环状。标本干燥时有酱油气味。

担子50～70×10～13μm，棒状，具4小梗。担孢子（8.5）9~11（13）×（6.5）7~8（8.5）μm [Q=（1.15）1.21~1.47（1.73），$\mathbf{Q}$=1.36±0.08]，宽椭圆形至椭圆形，淀粉质。菌盖表面的菌幕残余由近纵向排列的菌丝和膨大细胞构成：膨大细胞十分丰富；菌丝较少至丰富；油质菌丝稀少，但在有的部位丰富。锁状联合常见。

生境　夏秋季生于亚热带至温带针阔混交林或阔叶林中地上。

分布　日本和中国（安徽、湖南、贵州和云南等省）。

经济价值 食毒不明；树木外生菌根菌。

与相似种的区别 本种与原描述于新加坡的泛红鹅膏（*A. timida* Corner & Bas）十分相近，但后者生于热带至南亚热带常绿阔叶林中，其担孢子较小，担孢子宽椭圆形至近卵形。

泛红鹅膏 **Amanita timida** Corner & Bas

菌盖直径5～9cm，扁平至平展；菌盖表面白色、淡粉红色至淡肉红色，被菌幕残余；菌幕残余圆锥状至角锥状，污白色至淡粉红色，高1～3mm，基部宽2～3mm，至菌盖边缘渐变小；菌盖边缘常悬垂有絮状物，无沟纹；菌肉白色，但成熟后受伤会缓慢地变为淡粉红色。菌褶白色至米色，受伤缓慢地变为淡粉红色或淡褐色；短菌褶近菌柄端渐窄。菌柄长7.8 ~ 13cm，直径1 ~ 1.5cm，污白色，中下部被淡粉红色纤丝状鳞片；菌环上位，膜质至厚膜质，上表面米色至淡黄色，常有辐射状细沟纹，边缘或下表面常有淡褐色至污白色颗粒；菌柄基部腹鼓状至卵形，直径2 ~ 3cm，在其上半部有淡粉红色至污白色的反卷鳞片，排列成不规则的同心环状。

担子40 ~ 52×8 ~ 10μm，棒状，具4小梗。担孢子7 ~ 9.5×（5）5.5 ~ 7（7.5）μm [*Q*=（1.08）1.15 ~ 1.36（1.40），***Q***=1.26 ±0.07]，宽椭圆形至近卵形，淀粉质。菌盖表面的菌幕残余由近纵向排列的菌丝和膨大细胞构成：膨大细胞十分丰富；菌丝较少至丰富。锁状联合常见。

生境　夏秋季生于热带和南亚热带常绿阔叶林中地上。

分布　日本、新加坡和中国（云南）。

经济价值　食毒不明；树木外生菌根菌。

与相似种的区别　本种酷似翘鳞鹅膏（*A. eijii* Zhu L. Yang），但后者分布于以松树为主的亚热带至温带的针叶林、针阔混交林或落叶阔叶林中，且其担子和担孢子明显较大，担孢子宽椭圆形至椭圆形。

球果状鹅膏　Amanita sp. 12

菌盖直径8 ~ 13cm，扁平至平展；菌盖表面白色至污白色，被菌幕残余；菌幕残余锥状至颗粒状，有时粉末状，黄褐色、污黄色至淡红褐色；菌盖边缘常悬垂有絮状物，无沟纹；菌肉白色，受伤后不变色。菌褶离生至近离生，米色至白色；短菌褶近菌柄端渐窄。菌柄长10 ~ 16cm，直径1.2 ~ 2cm，白色，密被白色至淡粉红色粉末状鳞片；菌环膜质，米色至白色，易破碎；菌柄基部膨大，梭形至近棒状，直径2 ~ 3cm，表面淡褐色至黄褐色，在其大部被有反卷的、淡褐色至淡灰褐色菌幕残余，形似球果。

担子40～50×7.5～10μm，棒状，具4小梗。担孢子7.5～10×（4.5）5～7μm [*Q*=（1.07）1.45～1.70（1.73），***Q***=1.55±0.15]，椭圆形至长椭圆形，淀粉质。菌盖上的菌幕残余由或多或少纵向排列的菌丝和膨大细胞构成：膨大细胞非常丰富，菌丝较少。锁状联合阙如。

生境　夏秋季生于林中地上。

分布　中国（海南）。

经济价值　食毒不明；树木外生菌根菌。

与相似种的区别　本种酷似泛红鹅膏（*A. timida* Corner & Bas），但后者担孢子较宽，锁状联合常见。

淡肉褶鹅膏　Amanita sp. 13

菌盖直径5～7cm，平展，中央有时稍下陷；菌盖表面污白色至米色，有时中央淡灰色至灰褐色，被菌幕残余；菌幕残余圆锥状至颗粒状，污白色、淡灰色至深灰色，高和直径达1mm，至菌盖边缘渐变小；菌盖边缘常悬垂有絮状物，无沟纹；菌肉污白色。菌褶饼干色、灰褐色至淡肉色；短菌褶近菌柄端渐窄。菌柄长5 ~ 8cm，直径0.5 ~ 1cm，近圆柱形，淡褐色至淡灰色，被同色细小鳞片；菌环近顶生，膜质，易破碎消失；菌柄基部近球形至腹鼓状，直径1.5 ~ 2.3cm，污白色，其上半部被有淡灰色至污白色的疣状菌幕残余，排列成不规则的同心环状。

担子40 ~ 50×10 ~ 11μm，棒状，具4小梗。担孢子7.5 ~ 9（11）×6 ~ 7.5（8）μm [*Q*=（1.1）1.13 ~ 1.35（1.47），***Q***=1.23±0.08]，宽椭圆形，稀卵形近球形，淀粉质。菌盖表面的菌幕残余由近纵向排列的菌丝和膨大细胞构成：膨大细胞十分丰富；菌丝较少至丰富。锁状联合常见。

生境 夏秋季生于亚热带针阔混交林中地上。

分布 中国（云南）。

经济价值 食毒不明；树木外生菌根菌。

与相似种的区别 本种的菌褶或多或少带点肉红色调，易与其他种相区别。

锥鳞白鹅膏 **Amanita virgineoides** Bas

菌盖直径7 ~ 15（20）cm，扁半球形至平展；菌盖表面白色，被菌幕残余；菌幕残余圆锥状至角锥状，白色，高1 ~ 3mm，基部宽1 ~ 3mm，至菌盖边缘渐变小；菌盖边缘常悬垂有絮状物，无沟纹。菌褶白色至米色；短菌褶近菌柄端渐窄。菌柄长10 ~ 20cm，直径1.5 ~ 3cm，白色，被白色絮状至粉末状鳞片，后者排列成蛇皮纹状；菌环近顶生，白色，下表面有疣状至锥状小凸起，易破碎消失，偶宿存；菌柄基部腹鼓状至卵形，直径3 ~ 4cm，在其上半部被有白色疣状至颗粒状菌幕残余，排列成不规则环带状。

担子（35）40 ~ 51×10 ~ 13μm，具4小梗。担孢子（7）8 ~ 10（11.5）×（5.5）6 ~ 7.5（8.5）μm [*Q*=

(1.07) 1.18~1.50 (1.67), ***Q***=1.34±0.11], 宽椭圆形至椭圆形，淀粉质。菌盖上的菌幕残余由或多或少近纵向排列的菌丝和膨大细胞构成。锁状联合在担子体各部位都有，但在担子基部横隔上较常见。

生境 夏秋季生于针叶林或针阔混交林中地上。它可能与松属（*Pinus*）和壳斗科植物形成外生菌根。

分布 韩国、日本和中国（江苏、安徽、江西、湖南、台湾、广东、海南、四川、贵州和云南等省）。

经济价值 可能有毒; 树木外生菌根菌。

与相似种的区别 本种酷似*A. virginea* Massee和粗鳞鹅膏（*A. castanopsis* Hongo）。但*A. virginea*的担孢子近球形至宽椭圆形，菌盖表面的菌幕残余主要由膨大细胞构成，菌丝稀少，油质菌丝罕见。而粗鳞鹅膏的担孢子椭圆形至长椭圆形，菌盖表面的菌幕残余含有较大的膨大细胞。本种与描述于北美的*A. polypyramis* (Berk. & M.A. Curtis) Sacc. 也相似，但后者菌盖上的菌幕残余细小、疣状，担孢子较大，锁状联合阙如（Bas，1969；Jenkins，1986）。

颜氏鹅膏 **Amanita yenii** Zhu L. Yang & C. M. Chen

菌盖直径5～10（12）cm，扁平至平展；菌盖表面白色至污白色，被菌幕残余；菌幕残余锥状至近锥状，白色至污白色，遇雨水冲刷易脱落；菌盖边缘常悬垂有絮状物，无沟纹；菌肉白色，受伤后不变色。菌褶离生至近离生，幼时白色，成熟后为米色至淡黄色；短菌褶近菌柄端渐窄。菌柄长6～12cm，直径0.5～1.5cm，白色，上半部有时被有白色反卷的鳞片，下半部光滑或有纤丝状鳞片色；菌环膜质，米色至白色；菌柄基部膨大，棒状至腹鼓状，直径1～3cm，与菌柄之间无明显界线，其上半部被有的菌幕残余白色，疣状至近锥状，排成环带状，有时菌柄基部几乎无菌幕残余。

担子30～50（57）×7～10μm，棒状，具4小梗。担孢子（6.5）7.5～10（12.5）×（4）4.5～6.5（7.5）μm [*Q*=（1.23）1.33～1.80（2.11），***Q***=1.55±0.15]，椭圆形至长椭圆形，淀粉质。菌盖上的菌幕残余由或多或少纵向排列的菌丝和膨大细胞构成：膨大细胞非常丰富，近球形至卵形（10～60×10～50μm），有时椭圆形（25～60×15～30μm），常2～4个连成念珠状；菌丝较少至较丰富，夹杂在膨大细胞之间，直径2～7（12）μm。锁状联合阙如。

生境 夏秋季生于林中地上。

分布 中国（台湾、海南和云南等省）。

经济价值 可能有毒；树木外生菌根菌。

与相似种的区别 本种易与锥鳞白鹅膏（*A. virgineoides* Bas）、异味鹅膏（*A. kotohiraensis* Nagas. & Mitani）及粗鳞鹅膏（*A. castanopsis* Hongo）相混淆。但是锥鳞白鹅膏的担子体粗壮，菌褶白色至米色，菌柄上常有被白色絮状至粉末状鳞片，菌环较厚，担孢子较宽，锁状联合常见。异味鹅膏担子体常有刺鼻气味，菌盖被有的菌幕残余毡状至碎片状而不呈锥状，菌柄基部膨大近球形，锁状联合常见。粗鳞白鹅膏菌盖上的菌幕残余粗大，担孢子较长，锁状联合常见。

异味鹅膏　**Amanita kotohiraensis** Nagas. & Mitani

菌盖直径4～7cm，扁半球形至平展；菌盖表面白色，有的中央米色，被菌幕残余；菌盖菌幕残余毡状至碎片状，白色，直径2～4（15）mm，厚1～1.5mm，不规则分布，有时几乎全部脱落；菌盖边缘常悬垂有絮状物，无沟纹；菌肉白色，受伤后不变色，常有刺鼻气味。菌褶淡黄色；短菌褶近菌柄端渐窄。菌柄长6～13cm，直径0.5～1.5cm，白色，被白色细小鳞片；菌环上位至近顶生，白色，宿存或破碎消失；菌柄基部近球形，直径1.5～4cm，在其上部被有白色疣状、颗粒状至近锥状菌幕残余，不规则或环带状排列。

担子35～50×8～13μm，具4小梗。担孢子（7）7.5～9.5（11）×5～6.5（7）μm [***Q***=（1.21）1.27～1.60（1.73），***Q***=1.44±0.10]，宽椭圆形至椭圆形，淀粉质。菌盖上的菌幕残余由或多或少不规则排列的菌丝和膨大细胞构成：膨大细胞（十分）丰富。锁状联合常见。

生境　夏秋季生于亚热带常绿阔叶林或

针阔混交林中地上。

分布　日本和中国（江苏、安徽、湖南、台湾、广东、海南、四川和云南等省）。

经济价值　有毒，误食会致命；树木外生菌根菌。

与相似种的区别　本种与原描述于北美的*A. microlepis* Bas相似，不同之处在于后者的担孢子较大，菌盖上的菌幕残余多为疣状，菌盖和菌褶的颜色与前者的也存在差别（Bas，1969；Nagasawa & Mitani，2000）。

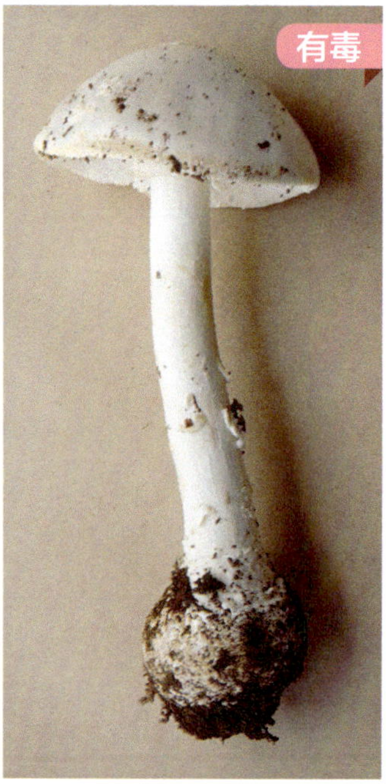

圆足鹅膏　**Amanita sphaerobulbosa** Hongo

菌盖直径4～7cm，扁半球形至平展；菌盖表面白色，被菌幕残余；菌幕残余白色至污白色、锥状至近锥状，高0.5～2mm，从菌盖中央至边缘逐渐变小；菌盖边缘常有絮状物，无沟纹。菌褶离生至近离生，白色至米色；短菌褶近菌柄端渐窄。菌柄长6～9cm，直径0.5～0.8cm，白色，菌环之下被有白色纤丝状鳞片；菌环距离菌柄顶端1～1.5cm，膜质，白色，宿存；菌柄基部近球形，直径1.8～2.5cm，上部近平截并被有白色至污白色的小颗粒状菌幕残余，这些颗粒常呈不完整的同心环状排列。

担子45～70×11～13μm，棒状，多具4小梗。担孢子（7.5）8～9.5（10）×7～8.5（9）μm [*Q*=（1.0）1.04～1.14（1.19），***Q***=1.09±0.04]，近球形，稀球形或宽椭圆形，淀粉质。菌盖上的菌幕残余由近纵向排列的菌丝和膨大细胞组成，膨大细胞十分丰富。锁状联合主要局限于担子基部和亚子实层细胞横隔上。

生境　夏秋生于针阔混交林中地上。

分布　韩国、日本和中国（湖南）。

经济价值　有毒（Yamaura et al., 1985）；树木外生菌根菌。

与相似种的区别　本种酷似北美的*A. abrupta* Peck，但后者菌盖上的菌幕残余颗粒较小，担孢子较窄（Yang & Doi，1999）。

锥鳞小白鹅膏　Amanita sp. 14

菌盖直径3～5cm，扁平至平展；菌盖表面白色，被菌幕残余；菌幕残余圆锥状至角锥状，白色至污白色，高1～2.5mm，基部宽1～2mm，至菌盖边缘渐变小；菌盖边缘常悬垂有絮状物，无沟纹。菌褶白色至米色；短菌褶近菌柄端渐窄。菌柄长4～8（10）cm，直径0.5～1cm，白色，被白色粉末状至糠麸状鳞片；菌环近顶生，絮状至膜质，易破碎消失；菌柄基部腹鼓状至近梭形，直径1～1.5cm，在其上半部及菌柄下半部被有白色至污白色或淡灰褐色疣状、颗粒状至反卷的菌幕残余，排列成环带状。

担子（22）28～48×8～11μm，具4小梗。担孢子（5）6～8.5（9.5）×（4.5）5～6.5（7.5）μm [*Q*=（1.03）1.08～1.33（1.58），***Q***=1.18±0.11]，近球形至宽椭圆，稀椭圆形或球形，淀粉

质。菌盖上的菌幕残余由或多或少近纵向排列的菌丝和膨大细胞构成，膨大细胞丰富。锁状联合阙如。

生境 夏秋季生于亚热带常绿阔叶林或针阔混交林中地上。

分布 中国（湖北、台湾和广东等省）。

经济价值 食毒不明；树木外生菌根菌。

与相似种的区别 本种外形酷似锥鳞白鹅膏（*A. virgineoides* Bas）和东南亚的*A. virginea* Masse。但后二者的担子体明显较大型，担孢子较大，锁状联合常见。本种外形与描述于日本的*A. squarrosa* Nagas. & Hongo也有相似之处，但后者担孢子较大，锁状联合常见（Nagasawa & Hongo，1984）。

灰绒鹅膏 **Amanita griseofarinosa** Hongo

菌盖直径4 ~ 7cm，扁半球形至平展；菌盖表面淡灰色、淡褐灰色，被菌幕残余；菌幕残余密被淡灰色、灰色至深灰色粉末状至絮状、有时细疣状；菌盖边缘常有絮状物，无沟纹；菌肉白色，受伤后不变色。菌褶白色；短菌褶近菌柄端渐窄；褶缘淡灰色。菌柄长6 ~ 14cm，直径0.5 ~ 2cm，淡灰色至污白色，被粉末状、纤丝状至絮状的灰色至淡灰色鳞片；菌环易破碎消失；菌柄基部腹鼓状，直径1 ~ 3cm，在其上半部被有灰色至褐色絮状至粉末状菌幕残余，偶有假根。

担子40 ~ 65（87）×10 ~ 14μm，棒状，具4小梗。担孢子（8）8.5 ~ 11（12.5）×7 ~ 9（11.0）μm [*Q*=（1.0）1.06 ~ 1.40（1.55），***Q***=1.21±0.11]，宽椭圆形，有时近球形或椭圆形，淀粉质。菌盖上的菌幕残余由不规则排列的菌丝和膨大细胞构成：膨大细胞丰富，常连成念珠状；菌丝少至较丰富。锁状联合阙如。

生境 夏秋季生于阔叶林或针叶林中地上。

分布 韩国、日本和中国（湖北、台湾、云南和西藏等省区）。

经济价值 食毒不明；树木外生菌根菌。

与相似种的区别 本种酷似灰盖大鹅膏[*A. berkeleyi* (Hook. f.) Bas]，但后者的担子体明显较大，菌幕残余多呈块状。本种也易与绒毡鹅膏（*A. vestita* Corner & Bas）和灰疣鹅膏（*A. griseoverrucosa* Zhu L. Yang）相混淆。但是，绒毡鹅膏的菌盖菌幕残余绒状至毡状，黄褐色至淡褐色，其膨大细胞单个顶生或2 ~ 3个连成短链、各细胞间不易断开，其间夹杂的菌丝较多，担孢子较短、较窄；灰疣鹅膏的担子体较大，菌幕残余多为疣状，颜色较淡，由近纵向排列的膨大细胞和菌丝组成，担孢子较窄。

灰盖大鹅膏 **Amanita berkeleyi** (Hook. f.) Bas

菌盖直径10～13cm，扁平至平展；菌盖表面灰褐色至灰色，被菌幕残余；菌幕残余毡状、壳状至块状，灰色；菌盖边缘常有絮状物，无沟纹；菌肉白色，受伤后不变色，厚达8mm。菌褶白色，宽达1.1cm；短菌褶近菌柄端渐窄。菌柄长20～22cm，直径2～2.5cm，污白色至淡灰色，被灰色絮状至粉末状鳞片；菌环膜质，易消失；菌柄基部腹鼓状，直径3cm，在其上半部被有灰色、细小的菌幕残余。担子体无特殊气味。

担子50～60×10～13μm，棒状，具4小梗。担孢子（8.5）9～12.5（13）×（7）7.5～9μm [*Q*=（1.06）1.09～1.39（1.44），***Q***=1.21±0.09]，近球形至宽椭圆形，淀粉质。菌盖表面的菌幕残余由不规则排列的菌丝和膨大细胞构成：膨大细胞丰富，常连成念珠状；菌丝较丰富，夹杂在膨大细胞之间。在菌盖表面菌幕残余的基部，菌丝和膨大细胞不规则排列，膨大细胞丰富；菌丝较丰富至丰富。锁状联合阙如。

生境　夏秋季生于亚热带阔叶林中地上。

分布　印度和中国（云南）。

经济价值　食毒不明；树木外生菌根菌。

与相似种的区别　本种酷似灰绒鹅膏（*A. griseofarinosa* Hongo）。但是，本种的担子体较大，菌幕残余毡状、壳状至块状。

大盖灰鳞鹅膏　**Amanita cinereopannosa** *sensu* M. S. Yuan & P. Q. Sun

菌盖直径8～18cm，扁平至平展，有时中部稍凸起；菌盖表面灰白色、淡褐色至淡褐灰色，被菌幕残余；菌幕残余疣状、絮状至毡状，深灰色至褐灰色，有时灰色至淡灰色；菌盖边缘常悬垂有絮状物，无沟纹；菌肉白色，受伤后不变色。菌褶离生至近离生，白色；短菌褶近菌柄端渐窄。菌柄长10～20cm，直径1.5～3cm，近圆柱形，白色至污白色，被灰色绒状至絮状易脱落的鳞片；菌环顶生至近顶生，白色，厚而松软，易破碎；菌柄基部膨大，腹鼓状至梭形，直径3～5cm，下端假根状，在膨大基部的上半部被有灰色至褐灰色粉末状、絮状至近毡状菌幕残余，或多或少呈不完整卷边状或环带状。

担子40～60×10～15μm，棒状，具4小梗。担孢子（9）10～13（14.5）×（5.5）6～8.5（9）μm [*Q*=（1.15）1.27～1.79（1.92），***Q***=1.57±0.16]，椭圆形，有时宽椭圆形或长椭圆形，有时中部稍缢缩，淀粉质。菌盖上的菌幕残余由菌丝和膨大细胞构成：膨大细胞丰富，菌丝较丰富至局部丰富，夹杂在膨大细胞之间。锁状联合阙如。

生境　夏秋季生于海拔2600～3000m的

温性针叶林、寒温性针叶林或针阔混交林叶林中地上。

分布 中国（四川、云南和西藏等省区）。

经济价值 食毒不明；树木外生菌根菌。

与相似种的区别 大盖灰鳞鹅膏酷似原描述于北美的*A. cinereopannosa* Bas及欧洲的*A. strobiliformis*（Paulet ex Vittad.）Bertill.。但*A. cinereopannosa*菌盖及菌幕残余较薄，菌柄基部的菌幕残余多呈环带状，担孢子较小；*A. strobiliformis*的菌盖和菌幕残余颜色都较淡，其中的膨大细胞颜色较淡、菌丝更多（Bas，1969；Neville & Poumarat，2004）。

灰疣鹅膏 **Amanita griseoverrucosa** Zhu L. Yang

菌盖直径（5）7～13cm，扁平至平展；菌盖表面淡灰色，有时污白色，被菌幕残余；菌幕残余疣状至锥状，高和宽各1～4mm，淡灰色至灰色，顶端近白色；菌盖边缘常有絮状物，无沟纹；菌肉白色，受伤后不变色。菌褶白色；短菌褶近菌柄端渐窄。菌柄长6～12cm，直径0.7～2.5cm，污白色至淡灰色，被有纤丝状至絮状淡灰色至灰色鳞片；菌环膜质，易破碎消失；菌柄基部腹鼓状至梭形，直径1.5～4cm，有短假根，在其上半部和菌柄下部常被有灰色至近白色的絮状至疣状的鳞片或菌幕残余。担子体无特殊气味。

担子43～56×8～12μm，棒状，具4小梗。担孢子（7）8～11（13.5）×（4.5）5.5～7（9）μm [*Q*=（1.12）1.27～1.75（2.0），***Q***=1.50±0.14]，宽椭圆形至椭圆形，淀粉质。菌盖表面的菌幕残余由近纵向排列的菌丝和膨大细胞构成：膨大细胞丰富，常连成念状；菌丝较丰富，夹杂在膨大细胞之间；油质菌丝个别至局部较丰富。在菌盖表面菌幕残余的基部，菌丝和膨大细胞不规则排列，膨大细胞丰富；菌丝较丰富至丰富。锁状联合阙如。

生境 夏秋季生于温性针叶林、针阔混交林或阔叶林中地上。

分布 中国（江苏、福建、广东、海南、四川和云南等省）。

经济价值 食毒不明；树木外生菌根菌。

与相似种的区别 本种酷似灰绒鹅膏

（*A. griseofarinosa* Hongo）。但是，本种的担子体较小，菌幕残余粉末状至绒状、颜色较深，由不规则排列的膨大细胞和菌丝组成，担孢子较宽。本种与绒毡鹅膏*A. vestita* Corner & Bas和*A. cinereoconia* G. F. Atk.也相似。绒毡鹅膏多分布于东南亚的热带地区，担子体小型，菌幕残余黄褐色至泥土色，由不规则排列的菌丝和膨大细胞构成（Yang，2004）。而*A. cinereoconia* G. F. Atk.的担子体明显较小，有“老火腿”或“漂白粉”气味，担孢子较长、较窄，其Q=1.4 ~ 2.0（Bas，1969；Jenkins，1986）。

具锁灰绒鹅膏 **Amanita** cf. **griseofarinosa** Hongo

菌盖直径5～8cm，扁平至平展，有时中央稍微下陷；菌盖表面灰色至灰褐色，密被菌幕残余；菌幕残余灰褐色、灰色至深灰色，疣状、絮状至粉末状；菌盖边缘有絮状物，无沟纹；菌肉白色，受伤后不变色。菌褶白色；短菌褶近菌柄端渐窄；褶缘淡灰色。菌柄长6～12cm，直径0.5～2cm，淡灰色至污白色，密被粉末状、纤丝状至絮状的灰色鳞片；菌环易破碎消失；菌柄基部腹鼓状，直径1～3cm，在其上半部被有灰色至褐色絮状至粉末状菌幕残余。

担子40～60×10～14µm，棒状，具4小梗。担孢子8.5～10. 5×8.5～10µm [Q=1.0～1.06（1.12），**Q**=1.04±0.04]，球形至近球形，淀粉质。菌盖上的菌幕残余由不规则排列的菌丝和膨大细胞构成：膨大细胞丰富，常连成念珠状；菌丝少至较丰富。锁状联合在担子基部及亚子实层中常见，但在其他部位罕见。

生境　夏季生于由壳斗科植物组成的阔叶林中地上。

分布 中国（广东）。

经济价值 食毒不明；树木外生菌根菌。

与相似种的区别 本种酷似灰绒鹅膏（*A. griseofarinosa* Hongo），极易混淆，但后者担子体往往较大，担孢子多为宽椭圆形至近球形，锁状联合阙如。

黑石顶鹅膏 **Amanita heishidingensis** Fang Li & Qing Cai

菌盖直径5.5～13.5cm，扁半球形至平展；菌盖表面污白色至白色，被菌幕残余；菌幕残余圆锥状至疣状，高1～6mm，基部宽1～6mm，灰色至褐灰色，老时锥状菌幕残余顶端常近白色；菌盖边缘常有絮状物，无沟纹；菌肉白色，受伤后不变色。菌褶米色至奶油色；短菌褶近菌柄端渐窄。菌柄长4.5～12.5cm，直径0.7～2.5cm，白色；菌环米色至近白色，易破碎；菌柄基部腹鼓状、近棒状至白萝卜形，直径1.7～4cm，在其上半部和菌柄下半部被有污白色至灰色绒状、絮状至颗粒状菌幕残余。气味不明显。

担子40～55×9～13μm，具4小梗。担孢子（8）9～12（14）×（5.5）6～7.5（8.5）μm [*Q*=（1.45）1.46～1.73（1.82），***Q***=1.61±0.10]，椭圆形至长椭圆形，淀粉质。菌盖上的菌幕残

余由近纵向排列的菌丝和膨大细胞构成：膨大细胞丰富，常连成念珠状，有淡灰色至淡褐色胞内色素；菌丝较丰富，夹杂在膨大细胞之间。锁状联合在担子基部及亚子实层中常见，但在其他部位稀少。

生境 生于由壳斗科植物组成的阔叶林中地上，早春出菇。

分布 中国（广东和台湾）。

经济价值 食毒不明；树木外生菌根菌。

与相似种的区别 本种酷似日本鹅膏（*A. japonica* Bas），但后者担子体较小，菌柄基部球状体较小，菌盖表面菌幕残余较小，菌盖表皮胶化程度较轻，菌幕残余颜色较深，夏秋出菇（Li & Cai，2014）。

日本鹅膏 **Amanita japonica** Bas

菌盖直径5～9cm，扁半球形至平展；菌盖表面淡灰色，中央淡灰色至灰色，被菌幕残余；菌幕残余圆锥状至絮状，高1～2mm，基部宽1～2mm，灰色至深灰色，老时锥状菌幕残余顶端常污白色；菌盖边缘常有絮状物，无沟纹；菌肉白色，受伤后不变色。菌褶白色；短菌褶近菌柄端渐窄。菌柄长7～12（17）cm，直径0.5～1.5（2）cm，白色至污白色；菌环白色，易破碎消失；菌柄基部腹鼓状、梭形至白萝卜形，直径1～2cm，有假根，在膨大的上半部和菌柄下半部被有灰褐色至灰色糠麸状、疣状至絮状菌幕残余，不规则排列，有时呈环带状排列。

担子38～63×9～13（15）µm，具4小梗。担孢子（7）8.5～11（12）×（5）5.5～7.5（8.5）µm [Q=（1.15）1.36–1.67（1.81），$\boldsymbol{Q}$=1.52±0.10]，椭圆形至长椭圆形，淀粉质。菌盖上的菌幕残余由近纵向排列的菌丝和膨大细胞构成：膨大细胞丰富，常连成念珠状，含有灰褐色胞内色素；菌丝较丰富，夹杂在膨大细胞之间。锁状联合在担子基部及亚子实层中常见，但在其他部位稀少。

生境 夏秋季生于针叶林或针阔混交林中地上。

分布 日本和中国（台湾、广东、海南和云南等省）。

经济价值 食毒不明；树木外生菌根菌。

与相似种的区别 本种与*A. miculifera* Bas & Hatan.和*A. onusta* (Howe) Sacc.有密切的亲缘关系。但是，*A. miculifera*的菌盖近锥状、较大，被有疣状至糠麸状菌幕残余，菌柄有长的根状基部，担孢子较大，菌幕残余中的膨大细胞和菌丝排列不规则（Bas & Hatanaka，1984）。原描述于美国的*A. onusta*其菌盖上菌幕残余主要由膨大细胞构成，菌盖表皮分化明显（Bas，1969）。

锥鳞灰鹅膏 **Amanita sp. 15**

菌盖直径7～12cm，平展至中央稍下陷；菌盖表面淡灰色至污白色；菌幕残余锥状至疣状，高1～3mm，基部宽1～3mm，灰色、深灰色至黑灰色；菌盖边缘有时有粉红色调，并常悬垂有污白色絮状物，无沟纹；菌肉白色，受伤后不变色。菌褶近白色至奶油色；短菌褶近菌柄端渐窄。菌柄长8～12cm，直径1～2cm，白色至污白色；菌环膜质，污白色，易破碎；菌柄基部白萝卜形至近球形，直径3～4cm，在其上半部被有污白色、灰色至灰褐色，疣状至颗粒状，不规则排列至环带状排列的菌幕残余。

担子55～70×12～17μm，具4小梗。担孢子（8）9～11（11.5）×（7）7.5～9.5（10.5）μm [*Q*=（1.0）1.11～1.29（1.35），***Q***=1.19±0.07]，宽椭圆形至近球形，稀球形或椭圆形，淀粉质。菌盖上的菌幕残余由近纵向排列的菌丝和膨大细胞构成：膨大细胞丰富，常连成念珠状，含有灰褐色胞内色素；菌丝较丰富，夹杂在膨大细胞之间。锁状联合在担子基部及亚子实层中常见，但在其他部位稀少。

生境　夏秋季生于亚高山寒温性针叶林或针阔混交林中地上。

分布　中国（四川和云南等省）。

经济价值　食毒不明；树木外生菌根菌。

与相似种的区别　本种的担孢子与原描述于印度大吉岭（Darjeeling）的灰盖大鹅膏[*A. berkeleyi* (Hook. f.) Bas]和*A. eriophora* (Berk.) E.-J. Gilbert有相似之处，但后二者没有锁状联合。此外，灰盖大鹅膏的菌盖表面被薄的、毡状、粉末状至壳状菌幕残余；而*A. eriophora*的菌柄具有灰紫色絮状至毡状菌幕残余。

大鹅膏　**Amanita macrocarpa** W. Q. Deng et al.

菌盖直径15～24cm，扁半球形至平展；菌盖表面污白色至淡褐色，有时有橘黄色调，被菌幕残余；菌幕残余锥状，污褐色至橘黄褐色，高2～3mm；菌盖边缘常有絮状物，无沟纹；菌肉白色，伤后变淡黄色，气味难闻。菌褶淡黄色至奶油色；短菌褶近菌柄端平截至渐窄。菌柄长18～24cm，直径2～4.5cm，向上渐变细，淡黄色至米色至淡橘黄色，被淡黄色至淡褐色蛇皮纹状鳞片，虫食处常为淡红褐色；菌环中上位，易破碎，上表面白色至米色，下表面带有褐色调并有疣凸；菌柄基部近梭形至腹鼓状，直径5～6cm，在其上半部被有淡褐色至淡黄色疣状菌幕残余。

担子30～45×6～9μm，具4小梗。担孢子（6）7～9×（4）5～6μm [Q=1.3～1.7，$\mathbf{Q}$=1.5±0.05]，椭圆形，淀粉质。菌盖上的菌幕残余由或多或少近纵向排列的菌丝和膨大

细胞构成。锁状联合在担子体各部位皆有，但在担子基部最为常见。

生境 夏秋季生于亚热带常绿阔叶林中地上。

分布 中国（广东）。

经济价值 食毒不明；树木外生菌根菌。

与相似种的区别 本种与锥鳞白鹅膏（*A. virgineoides* Bas）相似，不同之处在于后者担子体较小、白色、伤不变色，担孢子较大且 *Q* 值较低（Deng et al.，2014）。

疣鳞绿褶鹅膏 **Amanita sp. 16**

菌盖直径8.5cm，平展至中央稍下陷；菌盖表面污白色，被菌幕残余；菌幕残余锥状至疣状，高0.5～3mm，基部宽1～2mm，灰色至淡灰色；菌盖边缘常有污白色絮状物，无沟纹；菌肉白色，受伤后不变色，有石灰味或不明显的蘑菇味。菌褶米色，带很淡的绿色调；短菌褶近菌柄端渐窄。菌柄长3cm，直径1.5～2cm，白色至污白色；菌环膜质，污白色，易破碎；菌柄基部白萝卜形至近球形，直径5cm，在其上半部被有污白色、淡灰色至灰色，疣状至颗粒状，不规则排列至环带状排列的菌幕残余。

担子35～45×9～11μm，具4小梗。担孢子7～9×5～6μm [*Q*=（1.33）1.36～1.60（1.64），***Q***=1.47±0.09]，椭圆形，稀长椭圆形，淀粉质。菌盖上的菌幕残余由近纵向排列的菌丝和膨大细胞构成：膨大细胞丰富，常连成念珠状，含有灰褐色胞内色素；菌丝较丰富，夹杂在膨大细胞之间。锁状联合在担子基部及亚子实层中常见，但在其他部位稀少。

生境 夏秋季生于针阔混交林中地上。

分布 中国（云南）。

经济价值 食毒不明；树木外生菌根菌。

与相似种的区别 本种与日本鹅膏（*A. japonica* Bas）有相似之处，但后者菌褶无绿色调，菌柄基部常近梭形。本种菌褶的颜色与欧洲产的*A. solitaria* (Bull.: Fr.) Fr.有相似之处，但后者担孢子明显较大。

糠鳞杵柄鹅膏 **Amanita sp. 17**

菌盖直径5～9cm，扁平至平展；菌盖表面污白色至淡黄褐色，至边缘色变淡，被菌幕残余；菌幕残余疣状至粉末状，有时毡状，近糠麸色（灰褐色至褐灰色）；菌盖边缘有不明显沟纹（0.1～0.2*R*）。菌褶离生，米色，较密；短菌褶近菌柄端常平截。菌柄长7～10cm，直径0.5～1.8cm，白色至污白色，被灰褐色鳞片；菌环上位，膜质，上表面白色，下表面淡灰色，宿存；菌柄基部膨大呈杵状至浅杯状，直径1.5～3cm，上部边缘常有菌幕残余形成领口状。

担子45～58×10.5～12μm，棒状，具4小梗。担孢子8.5～10.5（11.5）×6.5～7.5（8.5）μm [*Q*=1.12~1.46, ***Q***=1. 34±0.11]，宽椭圆形至椭圆形，稀近球形，淀粉质。菌盖表面菌幕残余由或多或少纵向排列的菌丝和膨大细胞组成。锁状联合阙如。

生境 夏秋季生于阔叶林中地上。

分布 中国（云南）。

经济价值 可能有毒；树木外生菌根菌。

与相似种的区别 本种基部膨大呈杵状至浅杯状而与假黄盖鹅膏（*A. pseudogemmata* Hongo）的相似，但后者菌盖黄色、被白色菌幕残余，菌柄被灰褐色鳞片，担孢子淀粉质。

绒毡鹅膏　**Amanita vestita** Corner & Bas

菌盖直径3～5cm，扁平至平展，有时中央稍下陷；菌盖表面污白色，被菌幕残余；菌幕残余绒状至毡状，在菌盖中央菌幕残余有时近疣状，黄褐色、淡褐色至暗褐色；菌盖边缘常有絮状物，无沟纹。菌褶白色；短菌褶近菌柄端渐窄。菌柄长4～6cm，直径0.5～1cm，污白色，被纤丝状至絮状鳞片，在菌柄顶端被粉末状鳞片；菌环易破碎消失；菌柄基部腹鼓状至近梭形，直径1～2cm，有短假根，在其上半部被有粉末状菌幕残余。

担子40～48×8～10μm，具4小梗。担孢子7.5～9.5（11）×（5）5.5～6.5（7）μm [*Q*=（1.29）1.33～1.58（1.66），***Q***=1.45±0.09]，椭圆形，淀粉质。菌盖表面的菌幕残余由不规则排列的菌丝和膨大细胞构成。锁状联合阙如。

生境　夏秋季生于热带林中地上。

分布　新加坡和中国（湖北、台湾、广东和海南等省）。

经济价值　食毒不明；树木外生菌根菌。

与相似种的区别　本种酷似灰绒鹅膏

（*A. griseofarinosa* Hongo），但后者的菌盖菌幕残余灰色至深灰色，其膨大细胞多为球形，连成的链较长，但各细胞间又易断开，其间夹杂的菌丝较少，担孢子较长、较宽（Yang et al.，2001）。

刻鳞鹅膏 **Amanita sculpta** Corner & Bas

菌盖直径8～18cm，扁半球形至平展；菌盖表面灰褐色、淡褐色至紫褐色，被菌幕残余；菌幕残余锥状至疣状，高2～10mm，基部宽2～8mm，至菌盖边缘渐变小，褐色至深褐色；菌盖边缘常有絮状物，无沟纹；菌肉白色至淡褐色，受伤后变为褐色至深褐色。菌褶初期白色稍带淡红色调，后期紫褐色，干后黑色至深褐色；短菌褶近菌柄端平截至渐窄。菌柄长8～20cm，直径1～3（5）cm，近圆柱形或向上稍变细，污白色至褐色，被淡褐色至褐色絮状至粉末状鳞片；菌环上位，近白色并带有粉红色调，易破碎消失；菌柄基部近梭形至白萝卜形，直径2.5～6cm，在其上半部及菌柄基部被有褐色、粉末状至疣状菌幕残余，排列成环带状或卷边状。

担子（35）40～55（62）×10～12（16）μm，具4小梗，常含有褐色至赭色内含物。担孢子（7.5）8～11（15.5）×（7.5）8～10.5（14.5）μm [Q=1.0～1.11（1.13），$\boldsymbol{Q}$=1.05±0.03]，球形至近球形，淀粉质，（近）无色透明或有淡黄色至淡褐色内含物。菌盖上的菌幕残余由或多或少近纵向排列的菌丝和膨大细胞构成。锁状联合阙如。

生境 夏秋季生于由栲属（*Castanopsis*）和石栎属（*Lithocarpus*）组成的阔叶林中地上。它可能与壳斗科植物形成外生菌根。

分布 日本、泰国、新加坡和中国（湖南、福建、广东、海南、广西和云南等省）。

经济价值 食毒不明；树木外生菌根菌。

与相似种的区别 本种与描述于北美的 *A. westii* (Murrill) Murrill相似，但后者的担孢子椭圆形至长椭圆形，菌环中含有丰富的菌丝（Bas，1969；Tulloss & Lewis，1994）。

隐花青鹅膏　**Amanita manginiana** *sensu* W. F. Chiu　俗名：草鸡纵

菌盖直径5～15（20）cm，扁平至平展；菌盖表面灰色、深灰色、灰褐色至淡褐色，中部色较深，具深色纤丝状隐生花纹或斑纹，光滑，偶被白色破布状菌幕残余；菌盖边缘常悬挂有白色菌环残余，无沟纹。菌褶白色；短菌褶近菌柄端通常渐窄。菌柄长8～15cm，直径0.5～3cm，白色，常被白色纤毛状至粉末状鳞片；菌环顶生至近顶生，白色，有时灰白色，宿存或悬垂于菌盖边缘或破碎消失；菌柄基部腹鼓状至棒状，直径2～3.5cm；菌幕残余（菌托）浅杯状，游离托檐高达4cm，厚0.5～2mm，外表面白色至污白色，内表面白色。

担子33～45×8～11μm，具4小梗。担孢子（5.5）6～8（9）×（4.5）5～7（7.5）μm [*Q*=（1.0）1.07～1.30（1.44），***Q***=1.20±0.07]，近球形至宽椭圆形，淀粉质。菌柄基部托檐内部主要由近纵向至不规则排列的菌丝组成，其间夹杂有个别膨大细胞。锁状联合阙如。

生境　夏秋季生于由松（*Pinus*）或栎（*Quercus*）等树木组成的针叶林或阔叶林中地上。

分布　日本和中国（江苏、安徽、湖南、福建、广东、广西、四川、贵州和云南等省区）。

经济价值　本种可食，在夏秋季农贸市场上常有出售；树木外生菌根菌。

与相似种的区别　本种酷似假褐云斑鹅膏（*A. pseudoporphyria* Hongo），二者极易相混淆，不同的是后者担孢子宽椭圆形至椭圆形，托檐中的膨大细胞较多。在我国，曾将隐花青鹅膏误定为欧洲的*A. phalloides* (Vaill.: Fr.) Link，但后者的菌盖多为黄绿色，边缘无絮状物，菌环非顶生，不易破碎，菌柄基部膨大呈球状体，担孢子较大。分子系统学的研究表明，东亚的隐花青鹅膏和假褐云斑鹅膏是两个独立的种，与欧洲的*A. phalloides*并没有太近的亲缘关系（Wei β et al.，1998）。

肉托鹅膏 **Amanita modesta** Corner & Bas

菌盖直径4～6cm，扁平至平展；菌盖表面灰色、深灰色至褐灰色，中部色较深，具深色纤丝状隐生花纹，光滑；菌盖边缘罕有菌环残余，无沟纹。菌褶白色；短菌褶近菌柄端通常渐窄。菌柄长6～8cm，直径0.4～0.7cm，白色，常被白色纤毛状至粉末状鳞片；菌环顶生至近顶生，白色至灰白色；菌柄基部近球形，直径0.8～1.5cm；菌幕残余（菌托）浅杯状，游离托檐高达1cm，厚达1.5mm，肉质至厚膜质，污白色至白色。

担子30～35×8～10μm，具4小梗。担孢子5.5～7.5（8）×5～6（6.5）μm [Q=（1.09）1.10～1.36（1.45），$\mathbf{Q}$=1.23±0.07]，近球形至宽椭圆形，淀粉质。菌柄基部托檐内部由菌丝及大量膨大的细胞组成。锁状联合阙如。

生境　夏季生南亚热带至热带常绿阔叶林中，可能与壳斗科植物形成菌根。

分布　新加坡和中国（广东和海南等省）。

经济价值　可能有毒；树木外生菌

根菌。

与相似种的区别 本种酷似假褐云斑鹅膏（*A. pseudoporphyria* Hongo），二者极易相混淆，不同的是后者担孢子宽椭圆形至椭圆形，菌柄基部往往不呈球形，托檐较薄，其中的膨大细胞相对较少。分子系统学的研究表明，肉托鹅膏与欧氏鹅膏、隐花青鹅膏和假褐云斑鹅膏有较近的亲缘关系。

欧氏鹅膏 **Amanita oberwinklerana** Zhu L. Yang & Yoshim. Doi

菌盖直径3 ~ 6（8）cm，扁平至平展，中央一般无凸起；菌盖表面白色，中央有时米黄色，光滑或有时有1～3大片白色、膜质菌幕残余；菌盖边缘罕有菌环残余，无沟纹（老时偶尔有不明显的沟纹）。菌褶白色，老时米色至淡黄色；短菌褶近菌柄端渐窄。菌柄长5～7（9）cm，直径0.5～1（1.5）cm，白色，常被白色反卷纤毛状或绒毛状鳞片；菌环上位，白色；菌柄基部腹鼓状至白萝卜状，直径1～2cm；菌幕残余（菌托）浅杯状，游离托檐0～1cm，两面皆为白色。担子体各部位遇5%KOH不变为黄色。

担子30～55×9～12（15）μm，具4小梗。担孢子（7.5）8～10.5（12）×（5.5）6～8（10.5）μm [*Q*=（1.10）1.26～1.54（1.64），***Q***=1.38±0.09]，椭圆形，有的宽椭圆形，淀粉质。菌柄基部托檐由纵向至不规则排列的菌丝和膨大细胞组成：膨大细胞丰富至较丰富，从托檐外表面至内表面逐渐减少，至托檐内表面时稀少；菌丝丰富至大量，从托檐外表面至内表面逐渐增多，至内表面时则以菌丝为主。锁状联合阙如。

生境　夏秋季生于阔叶林、针叶林或针阔混交林中地上。

分布　日本和中国（福建、台湾、广东、海南、四川和贵州等省）。

经济价值　可能有毒；树木外生菌根菌。

与相似种的区别　在东亚，本种与致命鹅膏（*A. exitialis* Zhu L. Yang & T. H. Li）及黄盖鹅膏白色变种（*A. subjunquillea* var. *alba* Zhu L. Yang）容易相互混淆。但后二者的托檐牢固、只含有少数膨大细胞，担孢子球形至近球形。欧氏鹅膏可能会与可食用的白条盖鹅膏（*A. chepangiana* Tulloss & Bhandary）和灰托鹅膏白色变种[*A. vaginata* var. *alba* (De Seynes) Gillet]相混淆，但后二者担子体较大，菌盖边缘有明显的长沟纹，担孢子非淀粉质。此外，白条盖鹅膏有锁状联合；灰托鹅膏白色变种无菌环。欧氏鹅膏与裂皮鹅膏（*A. rimosa* P. Zhang & Zhu L.Yang）常出现于同一森林中，但裂皮鹅膏的新鲜担子体各部位遇5%KOH立即变为黄色，菌柄上的鳞片稀少，菌托较牢固，担孢子球形至近球形。

灰盖鹅膏 **Amanita griseoturcosa** T. Oda et al.

菌盖直径3～6cm，半球形、钝圆锥形至平展；菌盖表面灰色至褐灰色，中部色较深，具纤丝状隐生花纹，光滑；菌盖边缘有时有菌环残余，无沟纹。菌褶污白色，有时稍带粉红色；短菌褶近菌柄端渐变窄。菌柄长3～7cm，直径0.5～1.5cm，白色至污灰色，常被白色细小鳞片；菌环顶生至近顶生，膜质，白色；菌柄基部近棒状，直径0.8～1.5cm；菌幕残余（菌托）浅杯状，游离托檐高达2cm，内外两面皆为白色。

担子35～42×9～11μm，具4小梗。担孢子（7.5）8.5～11（12）×（5.5）6.5～8（9）μm [Q=（1.15）1.27～1.54（1.67），$\boldsymbol{Q}$=1.39±0.18]，宽椭圆形至椭圆形，淀粉质。托檐内部主要由菌丝组成，其间夹杂的膨大细胞较少。锁状联合阙如。

生境 夏秋季生于阔叶林或针阔混交林林中地上。

分布 日本和中国（海南）。

经济价值 可能有毒；树木外生菌根菌。

与相似种的区别 本种酷似隐花青鹅膏（*A. manginiana sensu* W. F. Chiu）和假褐云斑鹅膏（*A. pseudoporphyria* Hongo），但后二者的担孢子明显较小。

假褐云斑鹅膏 **Amanita pseudoporphyria** Hongo

菌盖直径5～15cm，扁平至平展；菌盖表面淡灰色、灰色至灰褐色，中部色较深，具深色纤丝状隐生花纹或斑纹，光滑或有时被白色至污白色破布状菌幕残余；菌盖边缘有时悬垂有白色菌环残余，无沟纹。菌褶白色；短菌褶近菌柄端渐窄，偶近平截。菌柄长8～13cm，直径0.5～2（4）cm，白色，常被白色纤毛状至粉末状鳞片；菌环顶生至近顶生，白色，宿存或破碎消失；菌柄基部棒状、腹鼓状至梭形，直径1～3（5）cm；菌幕残余（菌托）浅杯状，游离托檐高达5cm，厚0.5～2mm，外表面白色至污白色。

担子35～45×8～10μm，具4小梗。担孢子（6）7～9（10.5）×（4.5）5～6.5（7.5）μm [Q=（1.09）1.21～1.58（1.80），$\boldsymbol{Q}$=1.39±0.11]，宽椭圆形至椭圆形，淀粉质。菌柄基部的托檐内部主要由不规则排列的菌丝组成，其间夹杂有（较）丰富的膨大细胞。锁状联合阙如。

生境 夏秋季生于由松（*Pinus*）或栎（*Quercus*）、栲（*Castanopsis*）等树木组成的针叶林或针阔混交林中地上。

分布 韩国、日本和中国（江苏、湖南、福建、广东、海南、广西、四川、贵州、云南和甘肃等省区）。

经济价值 可能有毒；树木外生菌根菌。

与相似种的区别 本种酷似隐花青鹅膏

（*A. manginiana sensu* W. F. Chiu），但后者菌柄基部稀呈假根状，担孢子近球形至宽椭圆形，菌柄基部托檐中的膨大细胞稀少。本种可能会与*A. phalloides* (Vaill.: Fr.) Link相混淆，但后者的菌盖多为黄绿色，边缘无絮状物，菌环非顶生，不易破碎，菌柄基部球状。东南亚的*A. elephas* Corner & Bas也酷似本种，但*A. elephas*的菌环较低，担孢子较小、较短，菌盖表皮明显较厚。

檐托鹅膏组中的大多数种都含有丰富的肽类毒素，即鹅膏毒肽类（amatoxins）、鬼笔毒肽类（phallotoxins）和毒伞毒肽类（virotoxins）等，它们都是环肽化合物，进入人体后对肝脏和肾脏有强烈的毁坏作用，应引起高度重视。

黄盖鹅膏原变种 **Amanita subjunquillea** S. Imai var. **subjunquillea**

菌盖直径3～6cm，扁半球形至扁平，中央有时有圆钝凸起；菌盖表面黄褐色、污橙黄色至芥黄色，通常无菌幕残余；菌盖边缘无絮状悬垂物，无沟纹。菌褶白色；短菌褶近菌柄端渐窄。菌柄长4～12（15）cm，直径0.3～1（1.5）cm，白色至淡黄色，常被纤毛状或反卷的淡黄色鳞片；菌环近顶生至上位，白色，宿存或有时破碎消失；菌柄基部近球形，直径1～2（2.5）cm；菌幕残余（菌托）浅杯状，游离托檐高达2cm，厚达2mm，两面皆为白色至污白色。

担子30～48×9～12μm，具4小梗。担孢子6.5～9.5（11）×（5.5）6～8（10）μm [*Q*=（1.0）1.03～1.19（1.23），***Q***=1.10±0.05]，球形至近球形，有时宽椭圆形，淀粉质。菌柄基部托檐内部主要由近纵向至不规则排列的菌丝组成，其间夹杂有少数膨大细胞。锁状联合阙如。

生境 夏秋季生于林中地上。

分布 韩国、日本和中国（河北、吉林、河南、湖北、广东、贵州、云南、陕西和甘肃等省）。

经济价值 剧毒菌，严禁食用；树木外生菌根菌。

与相似种的区别 本种与原描述于欧洲的*A. phalloides* (Vaill.: Fr.) Link相近，但后者的担子体粗壮，担孢子近球形至宽椭圆形且较大。

本种为剧毒菌，要注意将它与可食用的黄蜡鹅膏*A.* sp. 6相区分，后者担子体较大，菌盖中央凸起，边缘有明显长沟纹，担孢子非淀粉质，锁状联合常见。

剧毒

剧毒

剧毒

剧毒

剧毒

剧毒

剧毒

黄盖鹅膏白色变种 **Amanita subjunquillea** var. **alba** Zhu L. Yang

本变种与原变种之间的区别主要在于：本变种的菌盖白色（有时中央米黄色至很淡的淡黄色）。担子体各部位遇5%KOH立即变为黄色。

生境 夏秋季生于壳斗科、松科植物组成的阔叶林、针阔混交林或针叶林中地上。

分布 日本和中国（北京、吉林、河南、湖北、湖南、台湾、广东、四川、贵州、云南、西藏、陕西和甘肃等省区）。

经济价值 剧毒菌，严禁食用；树木外生菌根菌。

与相似种的区别 本变种与欧氏鹅膏（*A. oberwinklerana* Zhu L. Yang & Yoshim. Doi）及致命鹅膏（*A. exitialis* Zhu L Yang & T. H. Li）易混。区别在于：欧氏鹅膏的托檐易破、含有大量膨大细胞，担孢子多为椭圆形；而致命鹅膏的担子具2小梗，担孢子较大。

本变种为剧毒菌，它可能与可食用的白条盖鹅膏（*A. chepangiana* Tulloss & Bhandary）和灰托鹅膏白色变种[*A. vaginata* var. *alba* (De Seynes) Gillet]相混淆，但后二者担子体较大，菌盖边缘有长沟纹，担孢子非淀粉质。此外，灰托鹅膏白色变种无菌环。

致命鹅膏 **Amanita exitialis** Zhu L. Yang & T. H. Li

菌盖直径4 ~ 8cm，扁半球形至扁平；菌盖表面白色，但中央常米黄色，光滑，通常无菌幕残余；菌盖边缘无沟纹。菌褶白色；短菌褶近菌柄端渐窄。菌柄长7 ~ 9cm，直径0.5 ~ 1.5（2）cm，白色，光滑或被白色纤毛状鳞片；菌环顶生至近顶生，白色，膜质，通常宿存；菌柄基部近球形，直径1 ~ 2（3）cm；菌幕残余（菌托）浅杯状，游离托檐高达1（2）cm。担子体各部位遇5%KOH立即变为黄色。

担子27 ~ 55×10 ~ 15μm，具2小梗。担孢子（9）9.5 ~ 12（14.5）×（8.5）9 ~ 11.5（13）μm [Q=1.0 ~ 1.15（1.17），$\boldsymbol{Q}$=1.08±0.04]，球形至近球形，淀粉质。菌柄基部托檐内部主要由不规则、紧密排列的菌丝组成，其间夹杂的膨大细胞稀少至少量。锁状联合阙如。

生境　春夏季生于阔叶林中地上。

分布　中国（广东和云南等省）。

经济价值　剧毒菌，严禁食用；树木外生菌根菌；其毒素对抑制癌细胞有一定作用（陈作红，2014）。

与相似种的区别　本种与原描述于北美的*A. bisporigera* G.F. Atk.相似，但后者的菌环着生位置往往较低，担孢子较小，菌托内膨大细胞较多。原描述于北美的*A. phalloides* var. *striatula* Peck也具有白色的担子体和2小梗的担子，但担孢子较小（Yang & Li，2001）。在东亚，本种外表酷似欧氏鹅膏（*A. oberwinklerana* Zhu L. Yang & Yoshim. Doi）和黄盖鹅膏白色变种（*A. subjunquillea* var. *alba* Zhu L. Yang）。它们之间的区别在于：后二者的绝大多数担子具4小梗。此外，欧氏鹅膏菌环较低，菌托易破、含有大量膨大细胞，担孢子较小、椭圆形。而黄盖鹅膏白色变种的菌环着生位置较低，担孢子明显较小。

2000年3月中旬在广州，9人误食此毒菌，其中8人中毒死亡（Yang & Li，2001）。在2000 ~ 2014年，因误食此菌而中毒者至少有80例，其中死亡32人（Deng et al.，2011；Li et al.，2014b）。在采食野生白色菇类时需格外小心，注意将剧毒蘑菇从可食用的蘑菇中区分出来。

致命小鹅膏 **Amanita** cf. **exitialis** Zhu L. Yang & T. H. Li

菌盖直径3cm，平展，中央有时稍下陷；菌盖表面白色，中央稍带淡褐色，光滑，通常无菌幕残余；菌盖边缘无沟纹。菌褶白色；短菌褶近菌柄端渐窄。菌柄长6cm，直径0.3～0.5，白色，光滑或被白色纤毛状鳞片；菌环近顶生，白色，膜质，通常宿存；菌柄基部近球形，直径约1cm；菌幕残余（菌托）浅杯状，游离托檐高达1cm。

担子30～40×8～11μm，具2小梗。担孢子（7）7.5～9.5（10）×（6.5）7～9μm [*Q*=（1.03）1.06～1.17（1.20），***Q***=1.10±0.05]，近球形，稀球形或宽椭圆形，淀粉质。菌柄基部托檐内部主要由不规则、紧密排列的菌丝组成，其间夹杂的膨大细胞稀少至少量。锁状联合阙如。

生境 春夏季生于阔叶林中地上。

分布 中国（广东）。

经济价值 剧毒菌，严禁食用；树木外生菌根菌。

与相似种的区别 本种担子双孢，这与致命鹅膏（*A. exitialis* Zhu L Yang & T. H. Li）的一致，但后者担子体和担孢子明显较大。

裂皮鹅膏 **Amanita rimosa** P. Zhang & Zhu L. Yang 别名：小白毒鹅膏

菌盖直径3～5cm，扁半球形至扁平；菌盖表面中部米色稀淡黄褐色，其他部位白色，平滑或有偶有辐射状细小裂纹，一般无菌幕残余；菌盖边缘无沟纹，有时有辐射状裂纹。菌褶白色；短菌褶近菌柄端渐变窄。菌柄长5～8cm，直径0.3～1cm，白色至污白色，有时被白色细小鳞片；菌环近顶生，膜质，白色；菌柄基部近球形，直径0.8～1.6cm；菌幕残余（菌托）浅杯状，游离托檐高8mm，膜质，内外两面皆为白色。担子体遇5%KOH快速变黄色。

担子35～48×10～13μm，具4小梗。担孢子7～8.5（10）×6.5～8（9）μm [*Q*=（1.0）1.05～1.15（1.23），***Q***=1.08±0.05]，球形至近球形，淀粉质。托檐内部主要由菌丝组成，其间夹杂的膨大细胞较少。锁状联合阙如。

生境 夏秋季生于以壳斗科植物为主的阔叶林中地上。

分布 中国（江西、湖南、湖北、广东和海南等省）。

经济价值 剧毒菌，严禁食用；树木外生菌根菌。

与相似种的区别 本种担子体较小、菌盖菌肉较薄，菌盖表皮具有较多膨大细胞，菌环近顶生（距菌柄顶端0.5～1cm）。在东亚，本种易与黄盖鹅膏白色变种（*A. subjunquillea* var. *alba* Zhu L. Yang）相混淆，但后者菌盖菌肉较厚，菌盖表皮无膨大细胞，菌环距菌柄顶端1～2cm。

本菌已引起多起中毒事件，导致人员死亡，要严防误食。

鳞柄白鹅膏　**Amanita virosa** (Fr.) Bertill.

菌盖直径5～10cm，幼时钝锥形，成熟后平展；菌盖表面白色，中央常有钝凸并呈米色，光滑，通常无菌幕残余；菌盖边缘或多或少波纹状，无沟纹，有时有辐射状裂纹。菌褶白色至米色；短菌褶近菌柄端渐窄。菌柄长8～16cm，直径0.7～2cm，白色，被白色鳞片；菌环上位，距离菌柄顶端（0.5）1～3cm，白色，膜质，宿存；菌柄基部近球形，直径2～3cm；菌幕残余（菌托）浅杯状，游离托檐高达1cm。担子体各部位遇5%KOH立即变为黄色。

担子30～50×10～12μm，具4小梗。担孢子9～11（11.5）×8.5～10.5（11）μm [*Q*=1.0～1.11, ***Q***=1.05±0.04]，球形至近球形，淀粉质。菌柄基部托檐内部主要由不规则、紧密排列的菌丝组成，其间夹杂的膨大细胞稀少至少量。锁状联合阙如。

生境　夏秋季生于壳斗科、松科植物组成的针阔混交林中地上。

分布　欧洲和亚洲的温带至亚热带，在东亚见于日本（今関六也和本郷次雄，1979b）和中国（吉林和河南等省）。

经济价值　剧毒菌，严禁食用；树木外生菌根菌。

与相似种的区别　本种担子体较大，菌盖中央常有钝凸，菌柄粗壮，菌环上位但不顶生。本种与致命鹅膏（*A. exitialis* Zhu L Yang & T. H. Li）易混，区别在于后者的菌环顶生至近顶生，担子具2小梗，担孢子稍大。本种可能与可食用的白条盖鹅膏（*A. chepangiana* Tulloss & Bhandary）和灰托鹅膏白色变种[*A. vaginata* var. *alba* (De Seynes) Gillet]相混淆，但后二者担子体较大，菌盖边缘有长沟纹，担孢子非淀粉质。要注意严格区别。

淡红鹅膏　**Amanita pallidorosea** P. Zhang & Zhu L. Yang

菌盖直径5～10cm，幼时钝锥形，成熟后扁平，中央常凸起；菌盖表面白色，中央淡粉红色，有时菌盖中央和边缘皆为白色，一般无菌幕残余；菌盖边缘无沟纹，有时有辐射状裂纹。菌褶白色；短菌褶近菌柄端渐变窄。菌柄长8～15cm，直径0.6～1.2cm，白色、污白色至淡黄褐色；菌环上位，膜质，白色，宿存；菌柄基部近球状，直径1.2～2.2cm；菌幕残余（菌托）浅杯状，游离托檐高达2cm，内表面和外表面皆为白色。担子体遇5%KOH快速变黄色。

担子30～45×9～11μm，具4小梗。担孢子6～8×6～7.5μm [Q=1.0～1.15（1.23），$\boldsymbol{Q}$=1.08±0.05]，球形至近球形，淀粉质。托檐内部主要由菌丝组成，其间夹杂的膨大细胞较少。锁状联合阙如。

生境　夏秋季生于由壳斗科[如石栎（*Lithocarpus*）]与松科[如松（*Pinus*）]植物组成的针阔混交林中地上，有时生阔叶林中地上。

分布　日本和中国（吉林、山东、河南、湖北、湖南、重庆、四川、贵州、云南和陕西等省）。

经济价值　剧毒菌，严禁食用；树木外生菌根菌。

与相似种的区别　本种担子体往往较大，菌盖中央常有粉红色调，此特征很容易与其他种分开。但是，菌盖粉红色这一特征并不稳定，在同一居群中有些担子体具有很典型的粉红色调，有些则没有，在有些居群中只采集过白色担子体。在东亚，当菌盖全部白色时，它容易与鳞柄白鹅膏[*A. virosa* (Fr.) Bertill.]相混淆，但后者菌柄上的鳞片明显，担孢子较大。

在我国吉林、山东、重庆等省市误食此菌曾发生多起多人死亡的中毒事件（Zhang et al., 2010; 王玉玲等, 2011），要严防误食。

假淡红鹅膏　**Amanita subpallidorosea** Hai J. Li

菌盖直径5～8cm，幼时钝锥形，成熟后扁平，中央有圆钝凸起；菌盖表面白色，中央呈粉红色至肉红色，一般无菌幕残余；菌盖边缘无沟纹。菌褶白色；短菌褶近菌柄端渐变窄。菌柄长7～10cm，直径0.6～1.2cm，白色至污白色，被同色鳞片；菌环近顶生，白色，膜质，宿存；菌柄基部近球状，直径1.5～2.5cm；菌幕残余（菌托）浅杯状，游离托檐高达1cm，内外表面皆为白色。

担子35～50×11～13μm，具4小梗。担孢子（7.5）8～10（11.5）×（7）7.5～9（10）μm [*Q*=（1.0）1.02～1.11（1.13），***Q***=1.07±0.03]，球形至近球形，淀粉质。托檐内部主要由菌丝组成，其间夹杂的膨大细胞较少。锁状联合阙如。

生境　夏秋季生于阔叶林或针阔混交林中地上。

分布　中国（台湾和贵州等省）。

经济价值　剧毒菌，严禁食用；树木外生菌根菌。

与相似种的区别　本种酷似淡红鹅膏（*A. pallidorosea* P. Zhang & Zhu L. Yang），但后者担子和担孢子较小。

在我国贵州，因误食此菌曾发生过中毒死亡的事件（Li et al., 2015），要严防误食。

灰花纹鹅膏　**Amanita fuliginea** Hongo

菌盖直径3～6cm，幼时近半球形，成熟后扁平至平展；菌盖表面深灰色、鼻烟褐色、暗褐色至近黑色，中部色较深，具深色纤丝状隐生花纹或斑纹，光滑或偶有白色破布状菌幕残余；菌盖边缘一般无菌环残余，无沟纹，有时有辐射状裂纹。菌褶白色；短菌褶近菌柄端渐变窄。菌柄长6～10cm，直径0.5～1cm，白色至淡灰色，常被淡褐色细小鳞片；菌环顶生至近顶生，膜质，灰色至污白色；菌柄基部近球形，直径1～2.5cm；菌幕残余（菌托）浅杯状，游离托檐高达3～8mm，厚0.5～2mm，外表面白色至污白色，内表面白色。

担子30～40×10～12.5μm，具4小梗。担孢子7～9×6.5～8.5μm [*Q*=1.0～1.13（1.21），***Q***=1.07±0.05]，球形至近球形，淀粉质。托檐内部主要由菌丝组成，其间夹杂的膨大细胞较少。锁状联合阙如。

生境 夏秋季生于由壳斗科[如石栎（*Lithocarpus*）]与松科[如松（*Pinus*）]植物组成的针阔混交林中地上，有时生阔叶林中地上。

分布 日本和中国（湖南、江西、广东、四川和云南）。

经济价值 剧毒菌（今関六也和本郷次雄，1987），严禁食用；树木外生菌根菌。

与相似种的区别 本种酷似拟灰花纹鹅膏（*A. fuligineoides* P. Zhang & Zhu L. Yang），但后者担子体较大，菌柄基部萝卜状至近棒状，托檐内部膨大细胞相对较少。本种有时会与可食的隐花青鹅膏（*A. manginiana sensu* W. F. Chiu）和假褐云斑鹅膏（*A. pseudoporphyria* Hongo）相混淆，但灰花纹鹅膏的菌盖边缘无菌环残余，菌柄常被淡褐色细小鳞片，菌环灰色，菌柄基部膨大呈近球形，担孢子球形至近球形。

在我国湖南、江西，因误食此菌曾发生多起多人死亡的恶性中毒事件（张志光等，1997；黄亮等，2002）。

拟灰花纹鹅膏　**Amanita fuligineoides** P. Zhang & Zhu L. Yang

菌盖直径7～14cm，扁平至平展；菌盖表面灰褐色、暗灰褐色至近黑色，中部色较深，具深色纤丝状隐生花纹或斑纹，光滑；菌盖边缘无沟纹，一般无菌环残余。菌褶白色；短菌褶近菌柄端渐变窄。菌柄长10～14（20）cm，直径0.8～1.5（2）cm，白色至淡灰色，常被灰褐色细小鳞片；菌环顶生至近顶生，膜质，白色至淡灰色；菌柄基部萝卜状至近棒状，直径1～2.5cm；菌幕残余（菌托）浅杯状，游离托檐高达1.5cm，内外两面皆为白色。

担子30～45×9～12μm，具4小梗。担孢子7.5～9.5（10）×7～8.5（9）μm [Q=1.0～1.13（1.29），$\boldsymbol{Q}$=1.08±0.05]，球形至近球形，淀粉质。托檐内部主要由菌丝组成，其间夹杂的膨大细胞较少。锁状联合阙如。

生境　夏季生于壳斗科植物林中地上。

分布　中国（湖南和云南等省）。

经济价值　剧毒菌，严禁食用；树木外生菌根菌。

与相似种的区别　本种酷似灰花纹鹅膏（*A. fuliginea* Hongo），但后者担子体较小，菌柄基部呈球状，托檐内部膨大细胞相对较多。本种有时会与隐花青鹅膏（*A. manginiana sensu* W. F. Chiu）和假褐云斑鹅膏（*A. pseudoporphyria* Hongo）相混淆，但拟灰花纹鹅膏的菌盖边缘无菌环残余，菌柄常被淡褐色细小鳞片，菌环灰色，担孢子球形至近球形。

隐丝粉褶鹅膏 Amanita sp. 18

菌盖直径3～6cm，扁平至平展，中央有时稍下陷；菌盖表面灰色至灰褐色，具深色纤丝状隐生花纹或斑纹，光滑，中央暗灰褐色；菌盖边缘无沟纹，有时有辐射状裂纹。菌褶带粉红色调色，稀白色；短菌褶近菌柄端渐变窄。菌柄长5～7cm，直径0.5～1cm，白色至污白色，常被同色细小鳞片；菌环上位至中位，距菌柄顶端1～3cm，膜质，白色；菌柄基部近球形，直径1～1.5cm；菌幕残余（菌托）浅杯状，游离托檐高达1cm，厚0.5mm，内表面和外表面白色至污白色。

担子40～48×11～12μm，具2小梗。担孢子（8）8.5～10.5（11.5）×（7）8～10（11）μm [*Q*=1.0～1.14（1.18），***Q***=1.06±0.05]，球形至近球形，淀粉质。托檐内部主要由菌丝组成，其间夹杂的膨大细胞较少。锁状联合阙如。

生境 夏季生于壳斗科植物组成的阔叶林中地上。

分布 中国（海南和云南等省）。

经济价值 剧毒菌，严禁食用；树木外生菌根菌。

与相似种的区别 本种菌盖灰色至灰褐色，菌褶常为粉红色，担子双孢，担孢子球形至近球形。本种易与灰花纹鹅膏(*A. fuliginea* Hongo）和拟灰花纹鹅膏（*A. fuligineoides* P. Zhang & Zhu L. Yang）相混淆，但后二者的菌褶白色至米色，菌柄上有灰色至褐色鳞片，担子具4小梗。在Cai 等（2014）中，本种标记为“*Amanita* sp. 7”。

剧毒

剧毒

剧毒

橙黄鹅膏 **Amanita citrina** (Schaeff.) Pers.

菌盖直径5～7cm，扁半球形至扁平，中央无凸起；菌盖表面黄色至淡黄色，中央颜色稍深，被菌幕残余；菌幕残余粉末状、毡状至破布状，米色、淡黄色至黄色，易脱落；菌盖边缘无沟纹。菌褶白色；短菌褶近菌柄端渐窄。菌柄长8～12cm，直径0.8～2.0cm，菌环之上白色，被淡黄色蛇皮纹状鳞片，菌环之下白色至米色，被淡褐色鳞片或纤毛；菌环上位，黄色至淡黄色，宿存；菌柄基部呈杵状，直径2.5～3.5cm，上半部常纵裂，几乎无菌幕残余。

担子30～48×10～13μm，具4小梗。担孢子7～8.5×6.5～8μm [Q=1.0～1.1（1.14），$\boldsymbol{Q}$=1.06±0.03]，球形至近球形，淀粉质。菌盖表面的菌幕残余由不规则、有时近辐射状排列的菌丝和膨大细胞构成：膨大细胞非常丰富，宽棒状、近球形、卵形至短椭圆形；菌丝较丰富至丰富，夹杂在膨大细胞之间。锁状联合阙如。

生境 夏秋季生于阔叶林或针叶林中地上。

分布 欧洲、北美和东亚，在我国分布较广（黑龙江、广东、四川和云南等省）。

经济价值 本种是否有毒尚有争议，最好不要采食；树木外生菌根菌。

与相似种的区别 本变种可能会与假黄盖鹅膏（*A. pseudogemmata* Hongo）相混淆，但后者的菌盖边缘有辐射状沟纹，担孢子近球形至宽椭圆形、非淀粉质。

灰盖杵柄鹅膏 **Amanita citrina** var. **grisea** (Hongo) Hongo

菌盖直径3～6cm，扁平至平展；菌盖表面暗灰色、灰褐色至乌黑（气候干燥时变淡），中央色较深，至边缘逐渐变淡，具明显纤丝状辐射隐生花纹，菌盖表面光滑或偶有破布状至颗粒状、污白色至淡褐色菌幕残余；菌盖边缘无沟纹。菌褶白色至米色；短菌褶近菌柄端渐窄或有时平截。菌柄长5.5～9cm，直径0.4～0.6cm，白色至米色，被有白色、污白色、米色至淡黄色细小鳞片；菌环上位，淡黄色，气候干燥时变淡色，宿存；菌柄基部呈杵状，直径1.2～1.8cm，上半部有时有厚膜质菌幕残余卷边，菌幕残余常有特征性的污褐色斑点。

担子30～38×9～11μm，具4小梗。担孢子（6.5）7～9（11）×6.5～9μm [*Q*=1.0～1.13, ***Q***=1.07±0.04]，球形至近球形，淀粉质。菌盖表面的菌幕残余由不规则、有时近辐射状排列的菌丝和膨大细胞构成：膨大细胞非常丰富，宽棒状、近球形、卵形至短椭圆形；菌丝较丰富至丰富，夹杂在膨大细胞之间。锁状联合阙如。

生境 夏秋季生于阔叶林或针阔混交林中地上。

分布 日本和中国（广东、云南等省）。

经济价值 食毒不明；树木外生菌根菌。

与相似种的区别 本种暂记载为橙黄鹅膏[*A. citrina* (Schaeff.) Pers.]下的一个变种，但它与橙黄鹅膏并非一种，今后需要更正。橙黄鹅膏担子体粗壮，菌盖黄色至淡黄色，常被同色菌幕残余。本种易与褐云斑鹅膏（*A. porphyria* Alb. & Schwein.）和杵柄鹅膏（*A. sinocitrina* Zhu L. Yang et al.）相混淆。不同的是：欧洲的褐云斑鹅膏菌盖上的菌幕残余灰色、淡褐色、紫罗兰灰色，菌环灰色至灰紫色，菌柄基部常有低矮的灰色托檐。杵柄鹅膏菌盖被灰色至淡褐色菌幕残余，担子和担孢子都较小。

杵柄鹅膏 **Amanita sinocitrina** Zhu L. Yang et al.

菌盖直径（3）4～8cm，扁平至平展，中央有时有圆钝凸起；菌盖表面中央色较深，灰黄色、淡褐色至茶褐色，边缘色较淡，带黄色，被菌幕残余；菌幕残余毡状、疣状至絮状，直径2～10mm，厚1～2mm，污白色、灰色、肉褐色至淡褐色，不规则分布；菌盖边缘无沟纹。菌褶白色至米色；短菌褶近菌柄端渐窄。菌柄长6～10cm，直径0.5～1（1.5）cm，白色至米色，在菌环之上被有淡黄色纤毛状鳞片，在菌环之下被有白

色至淡灰色鳞片或纤毛；菌环上位至中位，白色、米色或淡黄色，宿存；菌柄基部呈杵状，直径1.5～2（3）cm，在其上部边缘有淡灰色至肉褐色疣状至絮状菌幕残余，有时近膜质并形成低矮的托檐。

担子（20）25～35（40）×（8）8.5～10.5（11.5）μm，棒状，具4小梗。担孢子（5.5）6～7.5（8）×（5）5.5～7（7.5）μm [*Q*=1.0～1.15（1.20），***Q***=1.08±0.05]，球形至近球形，淀粉质。菌盖上的菌幕残余由不规则排列的菌丝和膨大细胞构成：膨大细胞非常丰富；菌丝较丰富至丰富，夹杂在膨大细胞之间。锁状联合阙如。

生境 夏秋季生于混交林[如石栎（*Lithocarpus*）+松（*Pinus*）]中地上。

分布 中国（湖南、广东、海南和陕西等省）。

经济价值 可能有毒，应避免采食；树木外生菌根菌。

与相似种的区别 本种与橙黄鹅膏[*A. citrina* (Schaeff.) Pers.]及其近似分类群有密切的亲缘关系。但是，本种的担子和担孢子较小，容易区分。

凸顶污托鹅膏 Amanita sp. 19

菌盖直径4～7cm，扁半球形至平展，中央往往凸起；菌盖表面灰色、淡灰色、褐灰色，光滑，具近黑色辐射状隐生纤丝花纹；菌盖边缘无沟纹或偶尔有短的沟纹；菌肉白色，受伤后不变色或变为淡褐色。菌褶白色至米色；短菌褶近菌柄端渐变窄。菌柄长6～10（18）cm，直径0.5～1cm，白色至污白色，菌环之上白色，菌环之下被有白色至淡灰色鳞片；菌环上位，膜质，上表面白色至米色，下表面污白色至淡灰色；菌柄基部近球状至近杵状，直径1～1.5cm，污白色并夹杂有红褐色斑块，有时有纵裂，在其上部边缘常有污褐色菌幕残余组成一不完整的领口。

担子30～40×9～12μm，棒状，具4小梗。担孢子6～8.5×6～7.5μm [*Q*=1.07～1.13，***Q***=1.10±0.03]，球形至近球形，淀粉质。菌盖表面的菌幕残余由或多或少纵向排列的菌丝和膨大细胞构成：膨大细胞丰富；菌丝夹杂

在膨大细胞之间，较丰富至丰富。菌环主要由疏松排列的菌丝组成，膨大细胞稀少。锁状联合阙如。

生境 夏秋季生于阔叶林中地上。

分布 中国（广东）。

经济价值 食毒不明；树木外生菌根菌。

与相似种的区别 本种与灰盖杵柄鹅膏[*A. citrina* var. *grisea* (Hongo) Hongo]很相似，但后者菌盖中央不凸起，菌环淡黄色。本种菌柄基部球状体常有红褐色斑块，有时纵向撕裂，菌柄基部附着的菌幕残余常为污褐色，这些特征与描述于北美东部的*A. brunnescens* G. F. Akt.有相似之处，但后者担子体往往较大，担孢子较大（Jenkins，1986；Tulloss et al.，1995）。

格纹鹅膏 **Amanita fritillaria** Sacc.

菌盖直径4～10（12）cm，扁半球形至平展；菌盖表面淡灰色、褐灰色至淡褐色，中部色较深，具辐射状隐生纤丝花纹，被菌幕残余；菌幕残余锥状、疣状、颗粒状至絮状，有时菌幕残余在菌盖伸展中未被撕开而连成破布状，常为深灰色、鼻烟色至近黑色，有时为灰色；菌盖边缘无沟纹；菌肉白色，受伤后不变色。菌褶白色；短菌褶近菌柄端渐变窄。菌柄长5～10cm，直径0.6～1.5cm，白色至污白色，菌环之上有淡灰色至灰色的蛇皮纹状鳞片，菌环之下被有灰色、淡褐色至褐色常呈蛇皮纹状的鳞片；菌环上位至近顶生，上表面近白色、淡灰色至灰色，下表面淡灰色至灰色，有时淡褐色，在菌环边缘常有深灰色、粉质菌幕残余；菌柄基部近球状、陀螺状至梭形，直径1～2.5（3）cm，其上半部被有的菌幕残余深灰色、鼻烟色至近黑色，絮状至疣状，呈环带状排成数圈。

担子30～40×8～10μm，棒状，具4小梗。担孢子7～9（12）×（5）5.5～7（8.5）μm

[*Q*=（1.0）1.18~1.40（1.54），***Q***=1.28±0.07]，宽椭圆形至椭圆形，淀粉质。菌盖表面的菌幕残余由或多或少纵向排列的菌丝和膨大细胞构成：膨大细胞丰富；菌丝夹杂在膨大细胞之间，较丰富至丰富。菌环主要由疏松排列的菌丝组成，膨大细胞稀少。锁状联合阙如。

生境　夏秋季于针叶林、阔叶林中散生或群生。可能与松属[如云南松（*Pinus yunnanensis*）、思茅松（*P. kesiya* var. *langbianensis*）、马尾松（*P. massoniana*）]和壳斗科植物[如栓皮栎（*Quercus variabilis*）、石栎（*Lithocarpus* spp.）]形成外生菌根。

分布　新加坡、印度和中国（吉林、江苏、安徽、湖北、湖南、福建、台湾、广东、广西、海南、四川、贵州、云南和西藏等省区）。

经济价值　有微毒，应避免采食；树木外生菌根菌。

与相似种的区别　本种在我国十分常见，其分布也相当广泛。此种标本在我国常被误定为块鳞青鹅膏[*A. excelsa* (Fr.) Bertill.]、块鳞灰鹅膏[*A. spissa* (Fr.) P. Kumm.]或*A. spissacea* S. Imai等。与格纹鹅膏不同的是，前二者菌柄上的鳞片色较淡，菌幕残余淡灰色至污白色，易从菌盖表面脱落；而*A. spissacea*的分类地位则有待进一步研究。

红褐鹅膏 **Amanita orsonii** Ash. Kumar & T. N. Lakh.

菌盖直径3～12cm，扁半球形至平展；菌盖表面红褐色、黄褐色，有时淡褐色至灰褐色，中部色较深，有时具辐射状隐生纤丝花纹，被菌幕残余；菌幕残余近锥状、疣状、颗粒状至絮状，有时呈破布状，污白色、淡灰色至灰褐色；菌肉白色，受伤后缓慢变红褐色；菌盖边缘一般无沟纹。菌褶白色，伤后缓慢变红褐色，不等长；短菌褶近菌柄端渐变窄。菌柄长7～13cm，直径0.5～1.5cm，菌环之上污白色，常被蛇皮纹状近白色（偶淡黄色）的鳞片，菌环之下污白色，擦伤后变为红褐色，被有灰色、淡褐色纤毛状鳞片；菌环上位，上表面白色至污白色，下表面淡灰色；菌柄基部近球状，直径1.5～3cm，其上半部被有的菌幕残余与菌盖表面的菌幕残余同色，常呈环带状排列。

担子36～55×9～11μm，具4小梗。担孢子（6.5）7～9（10.5）×（5）5.5～7.5（9）μm [*Q*=（1.03）1.12～1.50（1.73），***Q***=1.28±0.12]，宽椭圆形至椭圆形，淀粉质。菌盖上的菌幕残余由或多或少纵向排列的菌丝和膨大细胞构成：膨大细胞丰富；菌丝丰富，夹杂在膨大细胞之间。锁状联合阙如。

生境 夏秋季生于针叶林或针阔混交林中地上，有时也见于阔叶林中地上。

分布 巴基斯坦、印度和中国（吉林、湖北、台湾、广东、贵州、四川、云南和西藏等省区）。

经济价值 有毒，应避免生食；树木外生菌根菌。

与相似种的区别 本种酷似欧洲的赭盖鹅膏[*A. rubescens* Pers.]，但后者担孢子较长、较窄（Breitenbach & Kränzlin，1995；Tulloss et al.，2001）。

褐盖变红鹅膏 Amanita sp. 20

菌盖直径4 ~ 6cm，扁半球形至平展；菌盖表面褐色至深褐色，幼时边缘黄色带橄榄色调，后期褐灰色，边缘淡灰黄色，被菌幕残余；菌幕残余疣状、颗粒状，有时近锥状，上部淡橄榄黄色，下部深橄榄褐色至褐灰色；菌盖边缘无沟纹或老龄时有短的沟纹；菌肉白色，受伤后几乎不变色。菌褶白色；短菌褶近菌柄端渐变窄；褶缘白色。菌柄长5 ~ 7cm，直径0.5 ~ 1cm，菌环之上被米色至淡黄色蛇皮纹状鳞片，菌环之下被淡黄色至近白色丝状鳞片；菌环上位，上表面近白色至米色，下表面淡黄色，边缘有时有橄榄色颗粒；菌柄基部呈近球状、陀螺状至近梭形，直径0.8 ~ 1.2cm，其上半部被有橄榄色、粉末状菌幕残余；菌柄基部及球状体内的菌肉被昆虫咬食后变为红褐色。

担子30 ~ 35×9 ~ 11μm，棒状，具4小梗。担孢子6.5 ~ 8（8.5）×6 ~ 7.5μm [*Q*=（1.03）1.04 ~ 1.15（1.17），***Q***=1.10±0.04]，近球形，淀粉质。菌盖表面的菌幕残余由或多或少纵向排列的菌丝和膨大细胞构成：膨大细胞丰富；菌丝夹杂在膨大细胞之间，较丰富至丰富。菌环主要由疏松排列的菌丝组成，膨大细胞稀少。锁状联合阙如。

生境 夏秋季于针叶林或阔叶林中。

分布 中国（云南）。

经济价值 食毒不明；树木外生菌根菌。

与相似种的区别 本种昆虫啃食后变为红褐色，这与红褐鹅膏（*A. orsonii* Ash. Kumar & T. N. Lakh.）相似，但后者的菌幕残余为污白色、淡灰色至灰褐色，担孢子宽椭圆形至椭圆形。

块鳞灰鹅膏 **Amanita spissa** (Fr.) P. Kumm.

菌盖直径5～10cm，扁半球形至平展；菌盖表面灰色至褐灰色，被菌幕残余；菌幕残余破布状、片状至疣状，灰色至淡灰色；菌盖边缘一般无沟纹；菌肉白色，受伤后几乎不变色。菌褶白色至米色；短菌褶近菌柄端渐变窄。菌柄长8～15cm，直径0.5～1cm，表面淡灰色至污白色，有时有红褐色调；菌环上位，上表面近白色至米色，下表面污白色；菌柄基部稍膨大至近球状，直径0.8～1.3cm，其上半部被有灰色至灰褐色菌幕残余。

担子30～37×9～11μm，棒状，具4小梗。担孢子（6.5）7～9（10）×（5）5.5～6.5（7）μm [Q=（1.14）1.17～1.43（1.5），$\boldsymbol{Q}$=1.30±0.09]，宽椭圆形，稀椭圆形，淀粉质。菌盖表面的菌幕残余由不规则排列的菌丝和膨大细胞构成：膨大细胞丰富；菌丝夹杂在膨大细胞之间，较丰富至丰富。菌环主要由疏松排列的菌丝组成，膨大细胞稀少。锁状联合阙如。

生境 夏秋季生于温带针阔混交林中。

分布 广布于欧亚温带地区，在我国见于东北（吉林）。

经济价值 可食；树木外生菌根菌。

与相似种的区别 本种菌柄表面有时红褐色，这与红褐鹅膏（*A. orsonii* Ash. Kumar & T. N. Lakh.）相似，但后者的担子体各部位都会变红，菌盖颜色较淡。过去一般认为*A. spissa* (Fr.) P. Kumm.是块鳞青鹅膏[*A. excelsa* (Fr.) Bertill.]的异名或该种下的分类单元（Corner & Bas，1962；Breitenbach & Kränzlin，1995；Neville & Poumarat，2004），但根据现有的分子系统学证据，暂时将其作为独立的种处理。

灰盖黄环鹅膏 **Amanita sp. 21**

菌盖直径5～12cm，扁半球形至平展；菌盖表面灰色、褐灰色至暗灰色，被菌幕残余；菌幕残余近黑色、深灰色至褐灰色，近锥状、疣状至破布状，有时絮状，高（厚）1～3mm，直径1～3mm；菌肉白色，受伤后缓慢变为淡褐色；菌盖边缘一般无沟纹。菌褶白色；短菌褶近菌柄端渐变窄；褶缘黄色至淡黄色。菌柄长7～15cm，直径0.8～2.5cm，菌环之上淡黄色，有蛇皮纹状花纹，菌环之下白色至淡灰色，下半部被有灰色至褐灰色鳞片；菌环距菌柄顶端2～3cm，膜质，上表面绿黄色至黄色并有辐射状沟纹，下表面绿黄色稍带灰色；菌柄基部呈梭形、球状至白萝卜状，直径2～3cm，白色至淡褐色，上半部被淡褐色至淡褐灰色的疣状菌幕残余。

担子45～50×10～12μm，具4小梗。担孢子（7）7.5～9.5（10.5）×（6）6.5～8（8.5）μm [*Q*=（1.03）1.07～1.26（1.31），***Q***= 1.16±0.06]，近球形至宽椭圆形，淀粉质。菌盖上的菌幕残余由近纵向排列的菌丝和膨大细胞构成，菌丝丰富。锁状联合阙如。

生境 夏秋季生于亚高山针阔混交林下地上。

分布 中国（四川和云南等省）。

经济价值 食毒不明；树木外生菌根菌。

与相似种的区别 本种黄色的菌环与欧洲的*A. rubescens* f. *annulosulphurea* (Gillet) J. E. Lange相似，但后者担子体稍纤细，外表面带有明显的褐色调，菌肉受伤或被昆虫咬食后会变红色至红褐色，担孢子较窄，7～10×5.5～6.5（7）μm（Neville & Poumarat, 2004）。

暗盖淡鳞鹅膏 **Amanita sepiacea** S. Imai

菌盖直径6～15cm，扁半球形至平展；菌盖表面深灰色、褐色至近黑色，中部色较深，具辐射状隐生纤丝花纹，被菌幕残余；菌幕残余锥状至疣状，有时絮状，高1～4mm，基部宽1～4mm，污白色至淡灰色，基部常褐灰色，常易脱落；菌盖边缘无沟纹或老龄时有不明显的短的沟纹；菌肉白色，受伤后不变色。菌褶白色；短菌褶近菌柄端渐变窄。菌柄长10～18cm，直径1～2.5cm，白色，下半部被有灰色至淡灰色纤丝状鳞片；菌环顶生至近顶生，白色；菌柄基部呈梭形、球状至白萝卜状，直径1.5～5cm，上半部被有白色偶淡灰色疣状至锥状菌幕残余，呈环带状排成数圈。

担子(47)52~75×10~12μm，具4小梗。担孢子(7)7.5~9.5(11)×(5.5)6~7(8)μm [*Q*=(1.0)1.15~1.47(1.58)，***Q***=1.29±0.10]，宽椭圆形至椭圆形，淀粉质。菌盖上的菌幕残余由近纵向排列的菌丝和膨大细胞构成。锁状联合阙如。

生境 夏秋季常生于壳斗科和松科植物林下地上。

分布 日本和中国（吉林、湖南、广东和云南等省）。

经济价值 食毒不明；树木外生菌根菌。

与相似种的区别 本种容易与*A. tristis* Corner & Bas相混淆，但后者的担孢子明显较小（Corner & Bas，1962）。

黄柄鹅膏 **Amanita flavipes** S. Imai

菌盖直径3.5 ~ 12cm，扁半球形至平展；菌盖表面淡黄色、黄色至黄褐色，中部色较深，被菌幕残余；菌幕残余絮状、破布状、颗粒状至疣状，黄色至淡黄色，易脱落；菌盖边缘一般无沟纹，或老龄时有不明显的沟纹；菌肉白色至米色，受伤后不变色。菌褶白色至淡黄色；短菌褶近菌柄端渐变窄；褶缘黄色。菌柄长5 ~ 15cm，直径0.5 ~ 2cm，白

色、淡黄色至黄色，被淡黄色至黄色细小鳞片，老时常脱落；菌肉松软至近中空，带白色，受伤后不变色，但在菌柄基部有时缓慢变为褐色；菌环上位，上表面黄色、淡黄色至米色，下表面淡黄色至黄色；菌柄基部近球形、卵状至腹鼓状，直径1.5～4cm，其上半部被有的菌幕残余淡黄色至黄色、粉末状至疣状，常呈环带状排成数圈。

担子30～45×8～12μm，具4小梗。担孢子（6.5）7～9（10）×（5）5.5～7（8.5）μm [*Q*=（1.06）1.20～1.48（1.56），***Q***=1.31±0.07]，宽椭圆形至椭圆形，淀粉质。菌盖表面的菌幕残余由近纵向排列的菌丝和膨大细胞构成：膨大细胞丰富；菌丝夹杂在膨大细胞之间，较丰富至丰富；油质菌丝稀少。锁状联合阙如。

生境 夏秋季生于针叶林、针阔混交林中地上。可能与松（*Pinus*）、冷杉（*Abies*）、云杉（*Picea*）和壳斗科植物形成外生菌根。

分布 巴基斯坦、韩国、日本、印度和中国（吉林、湖北、四川和云南等省）。

经济价值 可能有毒，应避免采食；树木外生菌根菌。

与相似种的区别 本种酷似北美的黄红鹅膏[*A. flavorubescens* G. F. Atk.]和黄片鹅膏[*A. flavoconia* G. F. Atk.]，它们三者之间可能有较近的亲缘关系，但黄红鹅膏的担孢子较大，菌柄下部和基部老时变为酒红色或红褐色（Jenkins，1986；Tulloss & Lewis，1994；Tulloss et al.，1995）；而黄片鹅膏的菌盖黄色至橘红色，常有红色调（Jenkins，1986；Tulloss et al.，1995）。

黄鳞灰盖鹅膏 **Amanita sp. 22**

菌盖直径3 ~ 6.5cm，扁半球形至平展；菌盖表面灰色、淡灰色、褐灰色至灰褐色，中部色较深，具辐射状隐生纤丝花纹，被菌幕残余；菌幕残余疣状、颗粒状至毡状，有时近锥状，淡黄色、黄色至黄绿色，老后有时淡黄色至污白色，易脱落；菌盖边缘一般无沟纹，或老龄时有不明显的沟纹；菌肉白色，受伤后不变色。菌褶白色；短菌褶近菌柄端渐变窄。菌柄长4 ~ 9cm，直径0.3 ~ 1cm，白色至污白色，菌环之上白色，菌环之下被有灰色、淡褐色常呈蛇皮纹状的鳞片；菌环上位，上表面常有辐射状沟纹，多为白色，有时灰色，下表面污白色至淡灰色，菌环边缘常附有黄色菌幕残余；菌柄基部近球状、陀螺状至近梭形，直径1 ~ 2cm，其上半部被有淡黄色、粉末状菌幕残余，有时呈环带状排成数圈。

担子30 ~ 40×8 ~ 10μm，棒状，具4小梗。担孢子（6.5）7 ~ 9×（5）5.5 ~ 7μm [*Q*=（1.12）1.17 ~ 1.40（1.50），***Q***=1.26±0.08]，宽椭圆形至椭圆形，淀粉质。菌盖表面的菌幕残余由或多或少纵向排列的菌丝和膨大细胞构成：膨大细胞丰富；菌丝夹杂在膨大细胞之间，较丰富至丰富。菌环主要由疏松排列的菌丝组成，膨大细胞稀少。锁状联合阙如。

生境　夏秋季于针叶林、阔叶林中散生或群生。

分布　中国（云南）。

经济价值　食毒不明；树木外生菌根菌。

与相似种的区别　本种在云南较为常见，其菌盖灰色，菌幕残余黄色，易于识别。黄色菌幕残余与描述于欧洲的*A. franchetii* (Boud.) Fayod相似，但后者担子体粗壮，菌盖表面的菌幕残余一般不脱落，担子及担孢子较大（Neville & Poumarat，2004）。

第3章

黏伞属

Limacella Earle

黏伞属真菌菌盖表面一般无菌幕残余，菌盖表皮由近垂直排列的菌丝或膨大细胞组成，担孢子长度一般不超过6 μm。该属物种较少，较易识别，故在给出该属的形态特征之后，直接列出分种检索表。

第一节
黏伞属的特征

菌盖钟形至扁平，无菌幕残余；菌盖表皮湿时稍黏至胶黏。菌褶离生至近离生，白色。菌柄圆柱形或向上稍变细，表面不黏或胶黏，菌柄基部无菌幕残余。菌环膜质或强烈胶化。菌肉多为白色。担孢子印多为白色。

菌褶菌髓两侧型。亚子实层由膨大的细胞组成。担子棒状，长度一般不超过30μm。担孢子较小，球形、近球形、椭圆形至卵状，无色，透明，薄壁，光滑或有细小疣突，非淀粉质。囊状体阙如。菌盖表皮由近直立、栅状排列、埋于胶质层中的菌丝和膨大细胞组成。菌柄主要由纵向排列的菌丝组成，其间夹杂有膨大的顶端细胞。锁状联合常见。

模式种：黏伞*Limacella delicata* (Fr.) Konrad & Maubl.。

生境：黏伞属真菌常生于地上，偶尔生于腐木上。

本属约20种，广布各大洲。本书记载国产的4种。

第二节
黏伞属分种检索表

1. 菌环不胶化；菌柄不黏至稍黏，有鳞片 ………………………………………………………… 2
1. 菌环胶化；菌柄胶黏，无鳞片 ………………………………………………………………… 3
2. 担子体中等至大型，菌盖直径往往大于8cm；菌柄被白色至污白色鳞片；菌环大，直径达3cm ……………………………………………………………………… **斑黏伞*L. guttata***
2. 担子体小型至中等，菌盖直径往往小于6cm；菌柄被褐色至红褐色鳞片；菌环小，直径约1cm ……………………………………………………………………… **皮黏伞*L. glioderma***
3. 菌盖白色，中部白色至米色；菌柄白色 ……………………………………… **散布黏伞*L. illinita***
3. 菌盖黄色，中部褐黄色；菌柄污白色 …………………………………… **赭黄黏伞*L. ochraceolutea***

第三节
黏伞属物种

皮黏伞 **Limacella glioderma** (Fr.) Maire

菌盖直径3～5cm，半球形至扁平；菌盖表面淡褐色、红褐色至黄褐色，平滑至近平滑，胶黏至不黏；菌盖边缘一般无沟纹；菌肉白色，有面粉气味。菌褶离生，米色至近白色，不等长，密。菌柄长5～10cm，直径0.4～0.7cm，近圆柱形，污白色，不黏或稍黏，被黄褐色、红褐色至褐色鳞片；菌环不胶化，以不完整的形状宿存于菌柄上。

菌褶菌髓两侧型，由菌丝（直径2~10μm）和近椭圆形的膨大细胞（50~100×10~20μm）构成。担子20~28×6~7μm，具4小梗。担孢子4~5×4~4.5μm [Q=1.0~1.1, $\mathbf{Q}$=1.05±0.04]，球形至近球形，非淀粉质，非拟糊精质，无色，薄壁，表面光滑。侧生囊状体及褶缘囊状体阙如。菌盖表皮厚60～100μm，胶化，由近垂直排列、分叉和有分隔的菌丝组成，顶端细胞近圆柱状至细棒状，15~50×4~6μm，埋生在无定形的胶质中。锁状联合常见。

生境　夏秋季常生于针阔混交林中地上。

分布　欧洲和亚洲（日本和中国吉林）。

经济价值　可食。

与相似种的区别　本种菌柄及菌环不胶化，菌环细小并以不完整的形状宿存于菌柄上，易与我国其他物种区别。

斑黏伞 **Limacella guttata** (Pers.: Fr.) Konrad & Maubl.

菌盖直径8~12cm，扁半球形至扁平；菌盖表面中部黄褐色至肉褐色，稍黏，平滑至多皱，有时因为环境干燥而撕裂形成细小鳞片；菌盖边缘一般无沟纹；菌肉白色，稍厚。菌褶离生，白色至污白色，密；短菌褶近菌柄端渐变窄。菌柄长8~17cm，直径1.3~2.5cm，圆柱形或向上稍变细，近白色至污白色，被纤丝状鳞片，基部不膨大至稍膨大；菌环大，膜质，污白色，生菌柄上部。

菌褶菌髓两侧型，由菌丝（直径2~9μm）和近梭形至椭圆形的膨大细胞（50~80×10~20μm）构成。担子20~30×5~7μm，棒状，具4小梗；小梗长2~3μm。担孢子4~6×4~5.5μm [Q=1.0~1.11, $\boldsymbol{Q}$=1.05±0.06]，球形至近球形，非淀粉质，薄壁，光滑；侧生小尖相对较大。侧生囊状体及褶缘囊状体阙如。菌盖表皮厚80~100μm，由近垂直排列的菌丝和膨大细胞组成（直径3~8μm），无色或有黄褐色胞内色素，顶端细胞细棒状、披针形至近椭圆形，10~20×5~7（10）μm，埋生在无定形的胶质中。锁状联合常见。

生境 夏秋季常生于针叶林或针阔混交林中地上。

分布 欧洲和中国（四川）。

经济价值 可食。

与相似种的区别 本种担子体较大，菌盖黄褐色至肉褐色，菌环大。斑黏伞与原描述于北美的*L. solidipes*（Peck）H. V. Sm.较为相似，但后者菌盖较小，颜色较淡，近白色，菌肉明显具有面粉味。

散布黏伞 **Limacella illinita** (Fr.) Maire

菌盖直径3 ~ 5cm，半球形至扁平，中央常有钝凸；菌盖表面白色，中央有时米色，平滑至近平滑，胶黏；菌盖边缘无沟纹，有时有胶化的菌幕残余；菌肉白色，有面粉气味。菌褶离生，米色至近白色，不等长，密。菌柄长7 ~ 10cm，直径0.4 ~ 0.8cm，近圆柱形，污白色，胶黏；菌环强烈胶化。

菌褶菌髓两侧型，由菌丝（直径2 ~ 10μm）和近梭形至椭圆形的膨大细胞（50 ~ 100×10 ~ 20μm）构成。担子25 ~ 30×6 ~ 7μm，具4小梗。担孢子4 ~ 5×3.5 ~ 4μm [Q=1.12 ~ 1.34，$\boldsymbol{Q}$=1.13±0.08]，宽椭圆形至近卵形，非淀粉质，非拟糊精质，无色，薄壁，表面有非常细小的疣凸。侧生囊状体及褶缘囊状体阙如。菌盖表皮厚60 ~ 100μm，强烈胶化，由近垂直排列、分叉和有分隔的菌丝组成，顶端细胞近圆柱状至细棒状，35 ~ 50 × 2.5 ~ 5μm，埋生在无定形的胶质中。锁状联合常见。

生境　夏秋季常生于温带针阔混交林中腐殖质上。

分布　欧洲和东亚（日本和中国吉林）。

经济价值　可食。

与相似种的区别　本种与赭黄黏伞（*L. ochraceolutea* P. D. Orton）很相近（Neville & Poumarat，2004）。

赭黄黏伞 **Limacella ochraceolutea** P. D. Orton

菌盖直径3～6cm，半球形至扁平，成熟后中央有钝凸；菌盖表面初期褐黄色、褐色至肉桂褐色，凹凸不平，成熟后黄褐色至淡黄褐色，稀污白色，中央色深，平滑至多皱，胶黏；菌盖边缘常有胶化的菌幕残余，一般无沟纹，或老龄时有不明显的沟纹；菌肉白色，有面粉气味。菌褶离生，米色至近白色，不等长，密。菌柄长4～10cm，直径0.3～1cm，近圆柱形，污白色，胶黏；菌环强烈胶化，常悬垂在菌盖边缘。

菌褶菌髓两侧型，由菌丝（直径2～18μm）和近梭形至椭圆形的膨大细胞（50～100×10～20μm）构成。担子25～30×5.5～7μm，具4小梗。担孢子4～5×（3）3.5～4（4.5）μm [Q=（1.0）1.13～1.33（1.41），Q=1.13±0.09]，宽椭圆形至近卵形，非淀粉质，非拟糊精质，无色，薄壁，表面近光滑

至有非常细小的疣凸。侧生囊状体及褶缘囊状体阙如。菌盖表皮厚70 ~ 100μm，强烈胶化，由近垂直排列、分叉和有分隔的菌丝组成，无色或有时具黄褐色胞内色素，顶端细胞近圆柱状，35 ~ 50 × 2.5 ~ 5μm，有时顶端近头状（直径4 ~ 5μm）。锁状联合常见。

生境 夏秋季常生于针阔混交林中地上。

分布 欧洲和中国（云南）。

经济价值 可食。

与相似种的区别 本种与散布黏伞[*L. illinita* (Fr.) Maire]很相近，有人将它们作为同一物种的两个不同变种处理（Neville & Poumarat，2004）。

研究标本附录

在本书中，所有物种的描述都是在作者观察现有各物种标本所获数据的基础上整理撰写的。在开展鹅膏科真菌的分类工作中，作者曾研究了大量国产标本及部分东亚、东南亚和南亚的标本，以及一些欧美的相关物种的模式标本或权威标本，共计5000余份。为了便于读者理解该科真菌物种概念，也为了缩减篇幅，在此仅列出有关我国物种的代表性标本每种各1份，以便核查。证据标本存于中国广东省微生物研究所真菌标本室（GDGM）、中国吉林农业大学菌物标本室（HMJAU）、中国科学院昆明植物研究所标本馆真菌标本室（KUN-HKAS）及中国科学院微生物研究所真菌标本室（HMAS）。附录中物种按拉丁学名的字母先后顺序排列。

1. *Amanita alboflavescens* Hongo变黄鹅膏

研究标本　云南：下关，沙坝，2012年9月18日，吴刚1063（HKAS 77235）。

2. *Amanita altipes* Zhu L. Yang et al.长柄鹅膏

研究标本　云南：丽江，老君山，海拔3800m，冷杉（*Abies*）林，2000年8月14日，杨祝良2915（HKAS 36609，模式）。

3. *Amanita angustilamellata* (Höhn.) Boedijn窄褶鹅膏

研究标本　云南：普洱，菜阳河，2014年7月11日，吴刚1335（HKAS 83453）。

4. *Amanita atrofusca* Zhu L. Yang暗褐鹅膏

研究标本　云南：香格里拉，大雪山，海拔4000m，冷杉（*Abies*）和云杉（*Picea*）林，2000年8月23日，杨祝良2986（HKAS 36610）。

5. *Amanita avellaneosquamosa* (S. Imai) S. Imai雀斑鳞鹅膏

研究标本　云南：丽江，玉龙雪山，海拔2900m，云南松（*Pinus yunnanensis*）林，1995年7月31日，杨祝良2106（HKAS 29500）。

6. *Amanita berkeleyi* (Hook. f.) Bas灰盖大鹅膏

研究标本　云南：保山，赧亢，海拔2200m，亚热带常绿阔叶林，2014年7月29日，崔杨洋156（HKAS 83447）。

7. *Amanita brunneofuliginea* Zhu L. Yang褐烟色鹅膏

研究标本　四川：德格，玉隆拉措，亚高山针叶林，2013年8月9日，赵宽336（HKAS 80761）。

8. *Amanita caesareoides* Lj.N. Vassiljeva拟橙盖鹅膏

研究标本　黑龙江：抚远，温带落叶阔叶林，2004年8月5日，图力古尔（HMJAU 2623）。

9. *Amanita castanopsis* Hongo粗鳞鹅膏

研究标本　云南：保山，隆阳百花岭，海拔1900m，亚热带常绿阔叶林，2003年7月25日，杨祝良3883（HKAS 42661）。

10. *Amanita* cf. *chepangiana* Tulloss & Bhandary大白鹅膏

研究标本　云南：丘北，祥启，2014年8月10日，韩利红593（HKAS 83448）。

11. *Amanita* cf. *crocea* (Quél.) Singer杏黄鹅膏

研究标本　云南：昆明，野鸭湖附近，海拔2000m，云南油杉（*Keteleeria evelyniana*）林，2003年9月1日，杨祝良5751（HKAS 80029）。

12. *Amanita* cf. *exitialis* Zhu L. Yang & T. H.Li致命小鹅膏

研究标本　广东：封开，黑石顶，海拔480m，林中地上，2012年8月16日，李方831（HKAS 83452）。

13. *Amanita* cf. *griseofarinosa* Hongo具锁灰绒鹅膏

研究标本　广东：广州，白云区天麓湖公园，常绿阔叶林如黧蒴锥（*Castanopsis fissa*）组成的林，2013年5月29日，蔡箐908（HKAS 79587）。

14. *Amanita* cf. *gymnopus* Corner & Bas屑鳞鹅膏

研究标本　广东：封开，黑石顶，海拔400m，林中地上，2012年7月5日，李方607（HKAS 77447）。

15. *Amanita* cf. *imazekii* T. Oda et al.灰鳞柄鹅膏

研究标本　四川：木里，县城附近，海拔3500m，云杉（*Picea*）、高山栎（*Quercus*）和杜鹃（*Rhododendron*）林，2012年8月1日，郝艳佳701（HKAS 76359）。

16. *Amanita* cf. *praegraveolens* (Murrill) Singer臭味鹅膏

研究标本　台湾：台南，永康，草地上，2003年6月17日，陈啟桢无号（HKAS 52747）。

17. *Amanita* cf. *similis* Boedijn淡橄榄色鹅膏

研究标本　福建：漳平，天台公园，海拔370m，2009年8月28日，曾念开583（HKAS 59786）。

18. *Amanita* cf. *xanthogala* Bas假黄乳鹅膏

研究标本　云南：勐海，曼滚，海拔1200m，壳斗科植物和思茅松（*Pinus kesiya* var. *langbianensis*）林，2014年7月9日，吴刚1297（HKAS 83444）。

19. *Amanita chepangiana* Tulloss & Bhandary白条盖鹅膏

研究标本　贵州：望谟，2009年8月17日，吴兴亮9346（HKAS 59783）。

20. *Amanita cinctipes* Corner & Bas缠足鹅膏

研究标本　广东：封开，黑石顶，2012年5月23日，李方354（HKAS 78465）。

21. *Amanita cinereopannosa sensu* M. S. Yuan & P. Q. Sun大盖灰鳞鹅膏

研究标本　云南：宁蒗，泸沽湖附近，冷杉（*Abies*）林，2010年7月10日，秦姣6（HKAS 63641）。

22. *Amanita citrina* (Schaeff.) Pers.橙黄鹅膏

研究标本　四川：西昌，大箐乡，海拔2000m，云南松（*Pinus yunnanensis*）林，1999年9月21日，杨祝良2704（HKAS 34170）。

23. *Amanita citrina* var. *grisea* (Hongo) Hongo灰盖杵柄鹅膏

研究标本　广东：封开，黑石顶，阔叶林，2013年7月20日，李方698（HKAS 79025）。

24. *Amanita clarisquamosa* (S. Imai) S. Imai显鳞鹅膏

研究标本　云南：丽江，三道湾，海拔3200m，针阔混交林，1995年8月1日，杨祝良2116（HKAS 29514）。

25. *Amanita concentrica* T. Oda et al.环鳞鹅膏

研究标本　云南：景洪，大渡岗，2003年7月5日，于富强1093（HKAS 44733）。

26. *Amanita eijii* Zhu L. Yang翘鳞鹅膏

研究标本　云南：景东，哀牢山，海拔2100m，思茅松（*Pinus kesiya* var. *langbianensis*）林，2013年8月5日，杨祝良5733（HKAS 80013）。

27. *Amanita elata* (Massee) Corner & Bas脱皮鹅膏

研究标本　云南：勐腊，西双版纳国家自然保护区，海拔1040m，南亚热带常绿阔叶林，2014年7月6日，刘晓斌384（HKAS 83449）。

28. *Amanita esculenta* Hongo & I. Matsuda可食鹅膏

研究标本　四川：西昌，大箐乡后山，海拔2000m，云南松（*Pinus yunnanensis*）林，1999年9月21日，杨祝良2703（HKAS 34169）。

29. *Amanita exitialis* Zhu L. Yang & T. H.Li致命鹅膏

研究标本　广东：广州，白云区天麓湖附近，海拔50m，阔叶林，2000年3月23日，李泰辉等无号（GDGM 20241，模式）。

30. *Amanita farinosa* Schwein.小托柄鹅膏

研究标本　云南：昆明，黑龙潭，中国科学院昆明植物研究所内，海拔1980m，云南松（*Pinus yunnanensis*）林，2008年8月18日，杨祝良5162（HKAS 54459）。

31. *Amanita flavipes* S. Imai黄柄鹅膏

研究标本　云南：昆明，筇竹寺，海拔2200m，2007年8月8日，亚热带阔叶林，杨祝良4901

（HKAS 52218）。

32．*Amanita flavofloccosa* Nagas. & Hongo黄鳞柱柄鹅膏

研究标本　四川：绵阳，涪城区，阔叶林，2008年7月30日，贺新生15（HKAS 55362）。

33．*Amanita fritillaria* Sacc.格纹鹅膏

研究标本　云南：墨江，海拔1600m，2001年8月12日，亚热带针阔混交林，杨祝良3195（HKAS 38372）。

34．*Amanita fuliginea* Hongo灰花纹鹅膏

研究标本　湖南：长沙，福临，阔叶林，2001年6月12日，杨祝良3051（HKAS 38129）。

35．*Amanita fuligineoides* P. Zhang & Zhu L. Yang拟灰花纹鹅膏

研究标本　湖南：宜章，莽山，海拔1100m，阔叶林，2007年9月6日，张平664（HKAS 52316，模式）。

36．*Amanita griseofarinosa* Hongo灰绒鹅膏

研究标本　云南：景东，哀牢山，海拔2300m，亚热带常绿阔叶林，2013年8月6日，杨祝良5737（HKAS 80017）。

37．*Amanita griseofolia* Zhu L. Yang灰褶鹅膏

研究标本　云南：昆明，黑龙潭公园内，海拔1980m，栓皮栎（*Quercus variabilis*）、华山松（*Pinus armandii*）和云南松（*P. yunnanensis*）组成的林，2001年6月25日，杨祝良3081（HKAS 38159）。

38．*Amanita griseoturcosa* T. Oda et al. 灰盖鹅膏

研究标本　海南：乐东，尖峰岭，海拔800m，1999年8月17日，袁明生4302（HKAS 34566）。

39．*Amanita griseoverrucosa* Zhu L. Yang灰疣鹅膏

研究标本　云南：景东，哀牢山，海拔2100m，思茅松（*Pinus kesiya* var. *langbianenesis*）林，2013年8月5日，杨祝良5734（HKAS 80014）。

40．*Amanita gymnopus* Corner & Bas赤脚鹅膏

研究标本　云南：隆阳，瓦窑，海拔1800m，2011年8月13日，郝艳佳509（HKAS 71618）。

41．*Amanita hamadae* Nagas. & Hongo黄边鹅膏

研究标本　云南：丽江，老君山，海拔3400m，冷杉（*Abies*）和高山栎（*Quercus*）组成的混交林，2001年7月26日，杨祝良3084（HKAS 38261）。

42．*Amanita heishidingensis* Fang Li & Qing Cai黑石顶鹅膏

研究标本　广东：封开，黑石顶，海拔190m，壳斗科植物林下，2012年2月29日，李方33（HKAS 76122，模式）。

43. *Amanita hemibapha* (Berk. & Broome) Sacc.红黄鹅膏

研究标本 云南：宁洱，县城附近，海拔1400m，思茅松（*Pinus kesiya* var. *langbianensis*）林，2008年8月1日，唐丽萍553（HKAS 54784）。

44. *Amanita hemibapha* var. *ochracea* Zhu L. Yang黄褐鹅膏

研究标本 云南：丽江，黑白水，海拔3200m，冷杉（*Abies*）林，1995年8月3日，杨祝良2130（HKAS 29522，模式）。

45. *Amanita hongoi* Bas本乡鹅膏

研究标本 云南：盈江，铜壁关附近，海拔1400m，石栎（*Lithocarpus*）林，2003年7月17日，杨祝良3651（HKAS 42791）。

46. *Amanita hunanensis* Y. B. Peng & L. H. Liu湖南鹅膏

研究标本 湖南：溆浦，海拔400m，马尾松（*Pinus massoniana*）林，1975年5月25日，彭寅斌和刘林翰1224（HMAS 47351）。

47. *Amanita ibotengutake* T. Oda et al.假球基鹅膏

研究标本 吉林：安图，二道白河，红松（*Pinus koraiensis*）林，2010年8月7日，王向华2570（HKAS 83269）。

48. *Amanita imazekii* T. Oda et al.短棱鹅膏

研究标本 四川：米易，普威，海拔2000m，1986年7月27日，袁明生 1190（HKAS 18280）。

49. *Amanita incarnatifolia* Zhu L. Yang粉褶鹅膏

研究标本 云南：剑川，玉华，海拔2400m，松林，2003年8月16日，杨祝良4064（HKAS 43098）。

50. *Amanita japonica* Bas日本鹅膏

研究标本 云南：宾川，鸡足山，海拔2400m，壳斗科植物林下，2013年8月4日，杨祝良5730（HKAS 80010）。

51. *Amanita javanica* (Corner & Bas) T. Oda et al.爪哇鹅膏

研究标本 海南：乐东，尖峰岭，2009年8月5日，曾念开454（HKAS 59789）。

52. *Amanita kotohiraensis* Nagas. & Mitani异味鹅膏

研究标本 湖南：宜章，莽山，海拔1200m，1997年7月24日，陈作红3702（HKAS 36995）。

53. *Amanita liquii* Zhu L. Yang et al.李逵鹅膏

研究标本 云南：丽江，老君山，海拔3900m，冷杉（*Abies*）林，2000年8月14日，杨祝良2916（HKAS 36611，模式）。

54. *Amanita longistriata* S. Imai长棱鹅膏

研究标本 湖北：神农架，九湖，海拔1700m，阔叶林，1984年7月17日，张小青和孙述霄82（HMAS 57650）。

55. *Amanita macrocarpa* W. Q. Deng et al.大鹅膏

研究标本 广东：广州，白云山，海拔269m，2012年5月11日，何晓兰等 无号（GDGM 31939）。

56. *Amanita manginiana sensu* W. F. Chiu隐花青鹅膏

研究标本 云南：昆明，筇竹寺，2007年8月8日，壳斗科植物林下，杨祝良4909（HKAS 52226）。

57. *Amanita melleiceps* Hongo小毒蝇鹅膏

研究标本 安徽：潜山，天柱山，2013年6月28日，赵琪1830（HKAS 80940）。

58. *Amanita mira* Corner & Bas美黄鹅膏

研究标本 云南：勐腊，勐仑，海拔1000m，南亚热带常绿阔叶林，1995年8月12日，杨祝良2163（HKAS 29526）。

59. *Amanita modesta* Corner & Bas肉托鹅膏

研究标本 广东：封开，黑石顶，海拔300m，2012年7月16日，李方633（HKAS 79021）。

60. *Amanita muscaria* (L.: Fr.) Lam.鹅膏

研究标本 黑龙江：伊图里河沟口，1974年8月16日，"黑龙江生物所"9（HMAS 37367）。

61. *Amanita neoovoidea* Hongo拟卵盖鹅膏

研究标本 云南：南华，集市购得，2005年8月10日，杨祝良4582（HKAS 48900）。

62. *Amanita nivalis* Grev.小污白鹅膏

研究标本 云南：香格里拉，东旺，大雪山，海拔4300m，由高山蓼（*Polygonum*）、委陵菜（*Potentilla*）和矮杜鹃（*Rhododendron*）等组成的高山草甸，1998年7月25日，杨祝良2440（HKAS 32534）。

63. *Amanita oberwinklerana* Zhu L. Yang & Yoshim. Doi欧氏鹅膏

研究标本 广东：广州，白云山，海拔380m，南亚热带常绿阔叶林，1998年9月2日，杨祝良2493（HKAS 32526）。

64. *Amanita orientifulva* Zhu L. Yang东方褐盖鹅膏

研究标本 云南：香格里拉，东旺，海拔3800m，有高山栎（*Quercus*）、冷杉（*Abies*）和杜鹃（*Rhododendron*）组成的林，1998年7月26日，杨祝良2461（HKAS 32522，模式）。

65. *Amanita orientigemmata* Zhu L. Yang & Yoshim. Doi东方黄盖鹅膏

研究标本　陕西：镇坪，曾家石板房，2013年7月4日，赵琪1868（HKAS 80978）。

66．*Amanita orsonii* Ash. Kumar & T. N. Lakh.红褐鹅膏

研究标本　云南：昆明，筇竹寺，海拔2000m，云南松（*Pinus yunnanensis*）和壳斗科植物林下，2013年7月28日，杨祝良5709（HKAS 79670）。

67．*Amanita ovalispora* Boedijn卵孢鹅膏

研究标本　云南：景东，哀牢山，海拔2400m，亚热带常绿阔叶林，2006年7月21日，杨祝良4698（HKAS 50495）。

68．*Amanita pallidocarnea* (Höhn.) Boedijn蟹红鹅膏

研究标本　海南：乐东，尖峰岭，海拔800m，林中地上，1999年8月20日，袁明生4373（HKAS 34571）。

69．*Amanita pallidorosea* P. Zhang & Zhu L. Yang淡红鹅膏

研究标本　陕西：镇坪，曾家石板房，2013年7月4日，赵琪1866（HKAS 80976）。

70．*Amanita parvipantherina* Zhu L. Yang et al.小豹斑鹅膏

研究标本　云南：鹤庆，黄坪，海拔2500m，云南松（*Pinus yunnanensis*）林，1998年7月24日，杨祝良2490（HKAS 32492，模式）。

71．*Amanita princeps* Corner & Bas高大鹅膏

研究标本　云南：景谷，勐班，海拔1600m，思茅松（*Pinus kesiya* var. *langbianensis*）林，1991年8月21日，杨祝良1615（HKAS 24167）。

72．*Amanita pseudogemmata* Hongo假黄盖鹅膏

研究标本　云南：龙陵，9 km附近，海拔1700m，亚热带常绿阔叶林，2002年9月12日，杨祝良3583（HKAS 41111）。

73．*Amanita pseudopantherina* Zhu L. Yang, nom. prov.假豹斑鹅膏

研究标本　云南：永平，龙门，海拔2400m，2009年8月1日，吴刚79（HKAS 57611）。

74．*Amanita pseudoporphyria* Hongo假褐云斑鹅膏

研究标本　云南：永平，至大理途中，海拔1990m，亚热带针阔混交林，2009年7月30日，唐丽萍1027（HKAS 56984）。

75．*Amanita pseudovaginata* Hongo假灰托鹅膏

研究标本　云南：昆明，黑龙潭，海拔1900m，云南松（*Pinus yunnanensis*）林，2000年6月23日，杨祝良2887（HKAS 35973）。

76．*Amanita rimosa* P. Zhang & Zhu L. Yang裂皮鹅膏

研究标本　广东：广州，白云山，亚热带常绿阔叶林，2013年5月28日，蔡箐891（HKAS 79570）。

77．*Amanita rubrovolvata* S. Imai红托鹅膏

研究标本　云南：宾川，鸡足山，海拔2200m，亚热带常绿阔叶林，2013年8月4日，杨祝良5725（HKAS 80006）。

78. *Amanita rufoferruginea* Hongo土红鹅膏

研究标本　广东：封开，黑石顶，2012年5月9日，李方196（HKAS 78421）。

79. *Amanita sculpta* Corner & Bas刻鳞鹅膏

研究标本　广东：封开，黑石顶，2012年6月13日，李方516（HKAS 75411）。

80. *Amanita sepiacea* S. Imai暗盖淡鳞鹅膏

研究标本　云南：昆明，筇竹寺，海拔2000m，云南松（*Pinus yunnanensis*）和栓皮栎（*Quercus variabilis*）混交林，2013年7月28日，杨祝良5708（HKAS 79669）。

81. *Amanita siamensis* Sanmee et al.泰国鹅膏

研究标本　云南：隆阳，太保森林公园，海拔1760m，由云南松（*Pinus yunnanensis*）、华山松（*P. armandii*）和壳斗科植物组成的亚热带针阔混交林，2009年7月27日，唐丽萍 895（HKAS 56852）。

82. *Amanita sinensis* Zhu L. Yang中华鹅膏

研究标本　云南：景东，哀牢山，海拔2000m，思茅松（*Pinus kesiya* var. *langbianensis*）林，2013年8月5日，杨祝良5732（HKAS 80012）。

83. *Amanita sinocitrina* Zhu L. Yang et al. 杵柄鹅膏

研究标本　广东：乐昌，九峰，海拔1200m，华南五针松（*Pinus kwangtungensis*）林，2011年9月15日，王向华3147（HKAS 83445）。

84. *Amanita* sp. 1黄顶白缘鹅膏

研究标本　云南：普洱，菜阳河，海拔1300m，2014年7月11日，吴刚1339（HKAS 83446）。

85. *Amanita* sp. 2 污鳞球孢鹅膏

研究标本　湖南：宜章，莽山，海拔1300m，亚热带阔叶林，2005年9月10日，张平490（HKAS 49678）。

86. *Amanita* sp. 3灰黄双孢鹅膏

研究标本　湖南：宜章，莽山，海拔800m，针阔混交林，2005年9月11日，张平504（HKAS 49685）。

87. *Amanita* sp. 4凸顶红黄鹅膏

研究标本　云南：景东，哀牢山，海拔2500m，亚热带常绿阔叶林，2006年7月20日，杨祝良4677（HKAS 50474）。

88. *Amanita* sp. 5褐顶黄缘鹅膏

研究标本　海南：琼中，黎母山，2010年8月5日，曾念开848（HKAS 59800）。

89. *Amanita* sp. 6黄蜡鹅膏

研究标本　云南：宾川，鸡足山，海拔1990m，亚热带针阔混交林，2011年8月11日，唐丽萍1534（HKAS 69995）。

90. *Amanita* sp. 7乳头鹅膏

研究标本　台湾：南投，莲华池，2006年5月6日，壳斗科植物林下，杨祝良4655（HKAS 49994）。

91. *Amanita* sp. 8淡色高大鹅膏

研究标本　海南：琼中，黎母山，2010年8月3日，葛再伟2593（HKAS 60269）。

92. *Amanita* sp. 9暗圈鹅膏

研究标本　云南：昆明，野鸭湖附近，海拔2000m，有云南油杉（*Keteleeria evelyniana*）和栓皮栎（*Quercus variabilis*）组成的针阔混交林，2013年9月1日，杨祝良5752（HKAS 80030）。

93. *Amanita* sp. 10椭孢缠足鹅膏

研究标本　广东：封开，黑石顶，2012年5月22日，李方336（HKAS 78463）。

94. *Amanita* sp. 11黄褶鹅膏

研究标本　湖北：神农架，九龙池，2013年7月2日，郭婷693（HKAS 81895）。

95. *Amanita* sp. 12球果状鹅膏

研究标本　海南：琼中，黎母山，2010年8月4日，葛再伟2615（HKAS 60291）。

96. *Amanita* sp. 13淡肉褶鹅膏

研究标本　云南：景东，哀牢山，海拔2000m，思茅松（*Pinus kesiya* var. *langbianensis*）林，2013年8月5日，杨祝良5731（HKAS 80011）。

97. *Amanita* sp. 14锥鳞小白鹅膏

研究标本　广东：封开，黑石顶，海拔300m，2012年8月16日，李方844（HKAS 79051）。

98. *Amanita* sp. 15锥鳞灰鹅膏

研究标本　四川：新龙，沙堆，海拔3300m，由冷杉（*Abies*）和云杉（*Picea*）组成的暗针叶林，2005年8月4日，葛再伟754（HKAS 49249）。

99. *Amanita* sp. 16疣鳞绿褶鹅膏

研究标本　云南：昆明，野鸭湖附近，海拔1800m，亚热带针阔混交林，2012年9月22日，杨祝良5636（HKAS 77280）。

100. *Amanita* sp. 17糠鳞杵柄鹅膏

研究标本　云南：昆明，野鸭湖附近，亚热带针阔混交林，2013年8月10日，郝艳佳1041

（HKAS 82832）。

101. *Amanita* sp. 18隐丝粉褶鹅膏

研究标本　云南：勐腊，西双版纳国家自然保护区，海拔1040m，2014年7月6日，南亚热带常绿阔叶林，吴刚1267（HKAS 83450）。

102. *Amanita* sp. 19凸顶污托鹅膏

研究标本　广东：封开，黑石顶，2012年5月17日，李方308（HKAS 78459）。

103. *Amanita* sp. 20褐盖变红鹅膏

研究标本　云南：保山，隆阳百花岭，海拔1900m，亚热带常绿阔叶林，2003年7月24日，杨祝良3843（HKAS 42994）。

104. *Amanita* sp. 21灰盖黄环鹅膏

研究标本　四川：乡城，热打，海拔3450m，川滇高山栎（*QuercusAquifolioides*）林，1998年7月15日，杨祝良2332（HKAS 32451）。

105. *Amanita* sp. 22黄鳞灰盖鹅膏

研究标本　云南：楚雄，紫溪山，海拔2400m，石栎（*Lithocarpus*）林，2001年8月2日，杨祝良3145（HKAS 38322）。

106. *Amanita sphaerobulbosa* Hongo圆足鹅膏

研究标本　湖南：永顺，小溪，亚热带林中地上，2014年8月29日，张平1819（HKAS 83215）。

107. *Amanita spissa* (Fr.) P. Kumm. 块鳞灰鹅膏

研究标本　吉林：池北区，长白山，海拔1150m，温带针阔混交林，2008年8月4日，杨祝良5123（HKAS 54419）。

108. *Amanita subfrostiana* Zhu L. Yang黄鳞鹅膏

研究标本　云南：宾川，鸡足山，海拔2360m，亚热带针阔混交林，2014年8月9日，郝艳佳1380（HKAS 83184）。

109. *Amanita subglobosa* Zhu L. Yang球基鹅膏

研究标本　云南：贡山，丙中洛，2010年8月2日，蔡箐250（HKAS 67812）。

110. *Amanita subjunquillea* S. Imai var. *subjunquillea*黄盖鹅膏原变种

研究标本　云南：昆明，野鸭湖附近，海拔1990m，2008年9月17日，栓皮栎（*Quercus variabilis*）林下，杨祝良5213（H KAS 54509）。

111. *Amanita subjunquillea* var. *alba* Zhu L. Yang黄盖鹅膏白色变种

研究标本　四川：都江堰，青城山，海拔1300m，1999年10月5日，杨祝良2783（HKAS 34249）。

112. *Amanita subpallidorosea* Hai J. Li假淡红鹅膏

研究标本　台湾：台中，大雪山森林公园，2012年9月19日，冯邦1324（HKAS 77350）。

113. *Amanita sychnopyramis* Corner & Bas f. *sychnopyramis*残托鹅膏原变型

研究标本　云南：麻栗坡，冬瓜村，海拔1150m，亚热带针阔混交林，2014年8月5日，韩利红527（HKAS 83454）。

114. *Amanita sychnopyramis* f. *subannulata* Hongo残托鹅膏有环变型

研究标本　云南：西畴，法斗，海拔1550m，亚热带常绿阔叶林，1992年6月16日，杨祝良1717（HKAS 26141）。

115. *Amanita timida* Corner & Bas泛红鹅膏

研究标本　云南：勐腊，西双版纳国家自然保护区，海拔1040m，南亚热带常绿阔叶林，2014年7月6日，刘晓斌381（HKAS 83455）。

116. *Amanita tomentosivolva* Zhu L. Yang绒托鹅膏

研究标本　云南：屏边，海拔1900m，南亚热带常绿阔叶林，1992年7月4日，杨祝良1889（HKAS 32504，模式）。

117. *Amanita umbrinolutea* (Gillet) Bataille褐黄鹅膏

研究标本　西藏：昌都，拉多，海拔3800m，云杉（*Picea*）林，2009年7月29日，杨祝良5390（HKAS 57932）。

118. *Amanita vaginata* (Bull.: Fr.) Lam. var. *vaginata*灰托鹅膏原变种

研究标本　吉林：安图，长白山，温带针叶林，2008年8月4日，李艳春1415（HKAS 56255）。

119. *Amanita vaginata* var. *alba* (De Seynes) Gillet灰托鹅膏白色变种

研究标本　云南：丽江，黑龙潭后山，高山松（*Pinus densata*）林，2013年9月1日，冯邦1485（HKAS 82591）。

120. *Amanita verrucosivolva* Zhu L. Yang疣托鹅膏

研究标本　云南：马关，古林菁，海拔2000m，亚热带常绿阔叶林，1992年6月29日，杨祝良1815（HKAS 28253，模式）。

121. *Amanita vestita* Corner & Bas绒毡鹅膏

研究标本　广东：广州，白云区天麓湖公园，由黧蒴锥（*Castanopsis fissa*）等树木组成的亚热带常绿阔叶林，2013年5月29日，蔡箐907（HKAS 79586）。

122. *Amanita virgineoides* Bas锥鳞白鹅膏

研究标本　云南：景东，哀牢山，海拔2000m，思茅松（*Pinus kesiya* var. *langbianensis*）林，2013年8月5日，杨祝良5735（HKAS 80015）。

123. *Amanita virosa* (Fr.) Bertill.鳞柄白鹅膏

研究标本　吉林：安图，二道白河，2006年9月9日，王向华2071（HKAS 50912）。

124. *Amanita yenii* Zhu L. Yang & C. M. Chen颜氏鹅膏

研究标本　海南：乐东，尖峰岭，海拔900m，1999年8月18日，袁明生4318（HKAS 34567）。

125. *Amanita yuaniana* Zhu L. Yang袁氏鹅膏

研究标本　云南：丽江，玉龙雪山，云南松（*Pinus yunnanensis*）和华山松（*P. armandii*）林，1995年7月31日，杨祝良2103（HKAS 29516）。

126. *Amanita zangii* Zhu L. Yang et al.臧氏鹅膏

研究标本　海南：乐东，尖峰岭，海拔900m，林中地上，1999年8月20日，袁明生4346（HKAS 34570，模式）。

127. *Limacella glioderma* (Fr.) Maire皮黏伞

研究标本　吉林：池北区，长白山，温带针阔混交林，2008年8月4日，杨祝良5110（HKAS 54406）。

128. *Limacella guttata* (Pers.: Fr.) Konrad & Maubl.斑黏伞

研究标本　四川：红原，刷经寺，海拔3300m，2013年8月12日，冯邦1455（HKAS 82561）。

129. *Limacella illinita* (Fr.) Maire散布黏伞

研究标本　吉林：池北区，长白山，温带针阔混交林，2008年8月2日，杨祝良5087（HKAS 54183）。

130. *Limacella ochraceolutea* P.D. Orton赭黄黏伞

研究标本　云南：昆明，中国科学院昆明植物研究所内，亚热带针阔混交林，2012年10月9日，杨祝良5644（HKAS 77301）。

参 考 文 献

包海鹰, 图力古尔, 李玉. 1999. 蘑菇的毒性成分及其应用研究现状. 吉林农业大学学报, 21 (4): 107 113.

毕志树, 李泰辉, 章卫民, 等. 1997. 海南伞菌初志. 广州: 广东高等教育出版社.

毕志树, 郑国扬, 李泰辉. 1994. 广东大型真菌志. 广州: 广东科技出版社.

陈作红. 2014. 2000年以来有毒蘑菇研究新进展. 菌物学报, 33: 493-516.

陈作红, 胡劲松, 张志光, 等. 2003. 我国28种鹅膏菌主要肽类毒素的检测分析. 菌物系统, 22: 565-573.

陈作红, 张志光. 2003. 蘑菇毒素及其中毒治疗（Ⅰ)——鹅膏肽类毒素. 实用预防医学, 10: 260-262.

陈作红, 张志光, 梁宋平, 等. 1999. 四种剧毒鹅膏菌肽类毒素的HPLC分离与鉴定. 菌物系统, 18: 415-419.

邓叔群. 1963. 中国的真菌. 北京: 科学出版社.

黄亮, 雷兆文, 曹春水. 2002. 江西地区灰花纹鹅膏菌中毒首发报告. 江西医学院学报, 42(1): 123-124.

黄年来. 1998. 中国大型真菌原色图鉴. 北京: 中国农业出版社.

李建宗. 1996. 鹅膏菌属的两个新记录种. 真菌学报, 15: 154 156.

李玉, 图力古尔. 2003. 中国长白山蘑菇. 北京: 科学出版社.

卯晓岚. 1987. 毒蘑菇识别. 北京: 科学普及出版社.

卯晓岚. 1991. 中国鹅膏菌科毒菌及毒素. 微生物学通报, 18: 160-165.

卯晓岚. 1998. 中国经济真菌. 北京: 科学出版社.

卯晓岚. 2000. 中国大型真菌. 郑州: 河南科学技术出版社.

裘维蕃. 1998. 菌物学大全. 北京: 科学出版社.

谭铭雄, 李宽银, 马林, 等. 2002. 一起误食毒蕈导致8人死亡的食物中毒调查. 华南预防医学, 28(2): 51-52.

图力古尔, 包海鹰, 李玉. 2014. 中国毒蘑菇名录. 菌物学报, 33: 517-548.

图力古尔, 王玉玲, 王建瑞, 等. 2011. 山东鹅膏记述. 菌物研究, 9: 136-150.

王玉玲, 包海鹰, 徐璐, 等. 2011. 玫瑰红鹅膏主要肽类毒素的HPLC测定及其白色念珠菌的抑制活性. 微生物学报, 51: 1205-1211.

王云章. 1973. 伞菌的两个新种. 微生物学报, 13: 7-10.
文华安, 杨祝良, 李泰辉, 等. 2013. 不可貌相的毒蘑菇. 科学世界, 2013 (10): 56-63.
吴兴亮, 戴玉成, 李泰辉, 等. 2011. 中国热带真菌. 北京: 科学出版社.
杨祝良. 2002. 我国的几种剧毒鹅膏菌. 中国食用菌, 21(3): 17-18.
杨祝良. 2005. 中国真菌志 第二十七卷 鹅膏科. 北京: 科学出版社.
应建浙, 卯晓岚, 马启明, 等. 1987. 中国药用真菌图鉴. 北京: 科学出版社.
应建浙, 赵继鼎, 卯晓岚, 等. 1982. 食用蘑菇. 北京: 科学出版社.
臧穆. 1996. 横断山区真菌. 北京: 科学出版社.
张树庭, 卯晓岚. 1995. 香港蕈菌. 香港: 香港中文大学出版社.
张志光, 刘建强, 陈作红, 等. 2002. 某市36起毒蕈中毒事件调查. 现代预防医学, 29: 301-304.
张志光, 周素荣, 李常明, 等. 1997. 灰花纹鹅膏及其毒性研究. 湖南师范大学自然科学学报, 20(1): 68-71.
中国科学院微生物研究所真菌组. 1975. 毒蘑菇. 北京: 科学出版社.
今関六也, 本郷次雄. 1979a. 原色日本菌類図鑑 (Ⅰ). 大阪: 保育社.
今関六也, 本郷次雄. 1979b. 続原色日本菌類図鑑 (Ⅱ). 大阪: 保育社.
今関六也, 本郷次雄. 1987. 原色日本新菌類図鑑 (Ⅰ). 大阪: 保育社.
今関六也, 大谷吉雄, 本郷次雄. 1988. 日本のきのこ. 東京: 山と溪谷社.
Bas C. 1969. Morphology and subdivision of *Amanita* and a monograph of its section *Lepidella*. Persoonia, 5: 285-579.
Bas C. 1978. Studies in *Amanita* - Ⅰ. Some species from Amazonia. Persoonia, 10: 1-22.
Bas C. 1984. On the correct name of "*Amanita inaurata* Secr." Persoonia, 12: 192-193.
Bas C, Hatanaka SI. 1984. An undescribed species of *Amanita* section *Lepidella* from Japan. Persoonia, 12: 321-325.
Beeli M. 1935. Flore iconographique des champignons du Congo, Fasc. Ⅰ. Bruxelles: Office de Publicité.
Breitenbach J, Kränzlin F. 1995. Pilze der Schweiz. Band 4. Lucerne: Verlag Mykologia.
Bresinsky A, Besl H. 1985. Giftpilze, mit Einer Einführung in die Pilzbestimmung. Wissenschaftl. Stuttgart: Verlagsgesellschaft.
Bresinsky A, Einhellinger A. 1987. Pilze, Flechten und andere Pflanzen aus Flugsandgebieten Südbayerns. Hoppea, 45: 413-460.
Cai Q, Tulloss RE, Tang LP, et al. 2014. Multi-locus phylogeny of lethal amanitas: Implications for species diversity and historical biogeography. BMC Evol Biol, 14(1): 143.
Chen ZH, Zhang P, Zhang ZG. 2014. Investigation and analysis of 102 mushroom poisoning cases in southern China from 1994 to 2012. Fungal Diversity, 64: 123-131.

Chiu WF. 1948. The Amanitaceae of Yunnan. Sci Rept Natl Tsing Hua Univ Ser B, Biol & Psychol Sci, 3(3): 165-178.

Corner EJH, Bas C. 1962. The genus *Amanita* in Singapore and Malaya. Persoonia, 2: 241-304.

Deng WQ, Li TH, Li P, et al. 2014. A new species of *Amanita* section *Lepidella* from South China. Mycol Progr, 13: 211-217.

Deng WQ, Li TH, Xi PG, et al. 2011. Peptide toxin components of *Amanita exitialis* basidiocarps. Mycologia, 103: 946-949.

Eugster CH. 1968. Wirkstoffe aus dem Fliegenpilz. Naturwissenschaften, 55: 305-313.

Faulstich H. 1980. The amatoxins. *In*: Hahn F, Kersten H, Kersten W, et al. Progress in Molecular and Subcellular Biology, Vol. 7. Berlin: Springer.

Jenkins DT. 1986. *Amanita* of North America. Eureka: Mad River Press.

Justo A, Morgenstern I, Hallen-Adams HE, et al. 2010. Convergent evolution of sequestrate forms in *Amanita* under Mediterranean climate conditions. Mycologia, 102: 675-688.

Kim CS, Jo JW, Kwag Y-N, et al. 2013. Four newly recorded *Amanita* species in Korea: *Amanita* sect. *Amanita* and sect. *Vaginatae*. Mycobiology, 41(3): 131-138.

Li F, Cai Q. 2014. *Amanita heishidingensis*, a new species of *Amanita* sect. *Lepidella* from China. Mycol Progr, 13: 1191-1197.

Li HJ, Xie JW, Zhang S, et al. 2015. *Amanita subpallidorosea*, a new lethal fungus from China. Mycol Progr, doi10.1007/s11557-015-1055-x.

Li P, Deng WQ, Li TH. 2014a. The molecular diversity of toxin gene families in lethal *Amanita* mushrooms. Toxicon, 83: 59-68.

Li P, Deng WQ, Li TH. 2014b. Molecular cloning of α-amanitin and characterization of its expression pattern in different parts and development stages of *Amanita exitialis* fruitbody. Mycol Progr, 13: 1011-1016.

Nagasawa E, Hongo T. 1984. New taxa of *Amanita*: three new species and one new form from western Japan. Trans Mycol Soc Japan, 25: 367-376.

Nagasawa E, Mitani S. 2000. A new species of *Amanita* section *Lepidella* from Japan. Mem Natn Sci Mus, Tokyo, 32: 93-97.

Neville P, Poumarat S. 2004. Amaniteae: *Amanita*, *Limacella* & *Torrendia*. Alssio: Edizioni Candusso.

Oda Tm Tanaka C, Tsuda M. 1999. Molecular phylogeny of Japanese *Amanita* species based on nucleotide sequences of the internal transcribed spacer region of nuclear ribosomal DNA. Mycoscience, 40: 57-64.

Pegler DN. 1986. Agaric Flora of Sri Lanka. Kew Bull Addit Ser, 12: 1-519.

Pegler DN, Shah-Smith D. 1997. The genus *Amanita* (Amanitaceae, Agaricales) in Zambia. Mycotaxon, 61: 389-417.

Reid DA. 1980. A monograph of the Australian species of *Amanita* Pers. ex Hook. (fungi). Austr Journ Bot Suppl Ser, 8: 1-97.

Reid DA. 1987. New or interesting records of British hymenomycetes Ⅷ. Notes Roy Bot Gard Edinburgh, 44: 503-540.

Tulloss RE, Iqbal SH, Khalid AN, et al. 2001. Studies in *Amanita* (Amanitaceae) from southern Asia. Ⅰ. Some species of Pakistan's Northwest Frontier Province. Mycotaxon, 77: 455-490.

Tulloss RE, Lewis DP. 1994. *Amanita westii* — taxonomy and distribution. A rare species from states bordering the Gulf of Mexico. Mycotaxon, 50: 131-138.

Tulloss RE, Stephenson SL, Bhatt RP, et al. 1995. Studies on *Amanita* (Amanitaceae) in West Virginia and adjacent areas of the mid-Appalachians. Preliminary results. Mycotaxon, 56: 243-293.

Vetter J. 1998. Toxins of *Amanita phalloides*. Toxicon, 36: 13-24.

Vrinda KB, Pradeep CK, Kumar SS. 2005. Occurrence of a lesser known edible *Amanita* in the western ghats of Kerala. Mushroom Research, 14: 5-8.

Watling R. 1985. Observations of *Amanita nivalis* Greville. Agarica, 6: 327-335.

Watling R. 1987. Large arctic-alpine fungi in Scotland. *In*: Laursen GA, Ammirati JF, Redhead SA. Arctic and Alpine Mycology Ⅱ. New York: Plenum: 17-45.

Weiß M, Yang ZL, Oberwinkler F. 1998. Molecular phylogenetic studies in the genus *Amanita*. Can J Bot, 76: 1170-1179.

Wieland Th. 1968. Poisonous principles of mushrooms of the genus *Amanita*. Science, 159: 946-952.

Wieland Th. 1973. Über die Giftstoffe der Gattung *Amanita*. Zeitschr f Pilzkunde, 39: 103-112.

Wieland Th. 1986. Peptides of Poisonous *Amanita* Mushrooms. New York, Berlin & Heidelberg: Springer-Verlag.

Wieland Th, Faulstich H. 1983. Peptide toxins from *Amanita*. *In*: Keeler RF, Tu AT. Handbook of Natural Toxins. Vol. Ⅰ. Plant and Fungal Toxins. New York: Marcel Dekker, Inc.

Wolfe BE, Tulloss RE, Pringle A. 2012. The irreversible loss of a decomposition pathway marks the single origin of an ectomycorrhizal symbiosis. PLoS ONE, 7(7): e39597.

Wood AE. 1997. Studies in the genus *Amanita* (Agaricales) in Australia. Austr Syst Bot, 10: 723-854.

Yamaura Y, Fukuhara M, Takabatake E, et al. 1985. Hepatotoxic action of a poisonous mushroom, *Amanita abrupta* in mice and its toxic component. Toxicology, 38: 161-173.

Yang ZL. 1994. Studies of the genus *Amanita* from southwestern China (Ⅰ). Mycotaxon, 51:

459-470.

Yang ZL. 1997. Die *Amanita*-Arten von Südwestchina. Biblioth Mycol, 170: 1-240.

Yang ZL. 2004. Two new species of *Amanita* (Basidiomycetes) from China. *In*: Agerer R, Blanz P, Piepenbring M. Frontiers in Basidiomycote Mycology. Eching: IHW-Verlag.

Yang ZL, Doi Y. 1999. A contribution to the knowledge of *Amanita* (Amanitaceae, Agaricales) in Japan. Bull Natn Sci Mus, Tokyo, Ser B, 25: 107-130.

Yang ZL, Li TH. 2001. Notes on three white *Amanitae* of section *Phalloideae* (Amanitaceae) from China. Mycotaxon, 78: 439-448.

Yang ZL, Li TH, Wu XL. 2001. Revision of *Amanita* collections made from Hainan, southern China. Fungal Diversity, 6:146-165.

Yang ZL, Weiß M, Oberwinkler F. 2004. New species of *Amanita* from the eastern Himalaya and adjacent regions. Mycologia, 96: 636-646.

Zhang P, Chen ZH, Xiao B, et al. 2010. Lethal amanitas of East Asia characterized by morphological and molecular data. Fungal Diversity, 42: 119-133.

真菌汉名索引

真菌拉丁学名索引

C

L

T